粮油多熟制花生高效栽培原理与技术

吴正锋　万书波　王才斌　焦念元　主编

科学出版社

北京

内 容 简 介

本书以作者相关研究为基础，系统总结了三十多年来粮油多熟制高效栽培相关理论技术的研究成果。书中针对多熟制条件下花生光、热不足和营养不良的问题，从生态、生理、技术三个层面，阐述了粮油多熟制花生高效栽培的基本理论与关键技术。全书着重介绍了粮油多熟的种植方式、多熟制条件下花生生理生态特征，光、温等环境因子及栽培措施对花生生理特性和生长发育的影响，重点从理论基础、施肥技术和计算机决策系统三个方面介绍了课题组研发的小麦花生两熟制一体化前重型施肥技术，并分别针对麦套花生、夏直播花生和玉米花生间作三类种植方式提出了综合增产技术。

全书理论与实践相结合、图文并茂，可作为相关科研、教学工作者的参考用书。

图书在版编目 (CIP) 数据

粮油多熟制花生高效栽培原理与技术/吴正锋等主编. —北京：科学出版社，2020.11

ISBN 978-7-03-066564-5

Ⅰ. ①粮… Ⅱ. ①吴… Ⅲ. ①花生–高产栽培–栽培技术 Ⅳ. ①S565.2

中国版本图书馆 CIP 数据核字(2020)第 208454 号

责任编辑：王海光 王 好/ 责任校对：严 娜
责任印制：吴兆东 / 封面设计：刘新新

科 学 出 版 社 出版

北京东黄城根北街 16 号
邮政编码：100717
http://www.sciencep.com

北京厚诚则铭印刷科技有限公司 印刷

科学出版社发行 各地新华书店经销

*

2020 年 11 月第 一 版 开本：B5 (720×1000)
2021 年 1 月第二次印刷 印张：12 1/2
字数：250 000

定价：**128.00 元**
(如有印装质量问题，我社负责调换)

《粮油多熟制花生高效栽培原理与技术》编委会

前　言

继石油安全、粮食安全之后，食用油安全成为一个事关国家战略的重要课题。目前我国食用油生产和加工环节被国际巨头垄断，自给率不到消费量的 1/3。花生是我国重要的油料作物，具有产油效率高、油脂品质好、种植效益高和生产规模大的特点，种植面积居油料作物总面积的第二位，总产量约占油料作物产量的50%，居第一位。大力发展花生生产，促进花生产量和品质的提高，对保障我国食用油安全意义重大。

黄淮海地区是我国最大的花生主产区。近年来，随着耕地面积的减少，粮油争地矛盾突出，粮油多熟制栽培种植面积迅速扩大，尤其是小麦花生两熟制种植逐渐成为该地区花生生产的主要种植方式。2008 年，课题组在二十多年研究的基础上，撰写了《麦油两熟制花生高产栽培理论与技术》，促进了我国麦油两熟种植的大力发展。近十年来，中央一号文件、全国种植结构调整规划等一系列重要政策的出台，有力推进了粮油绿色高质高效生产，促进了粮油作物种植结构调整和布局优化，加快推动了我国花生生产及产业发展。这一时期，课题组与国内外学者在粮油多熟制栽培方面取得了重要进展。鉴于此，作者在上本书的基础上增加了最近十年的相关研究成果，特别是在小麦花生两熟制种植基础上，增加了玉米花生间作种植有关内容，编写完成《粮油多熟制花生高效栽培原理与技术》。希望本书的出版有助于深化和推动我国粮油多熟制花生高效栽培理论与技术的发展，为大幅度提高黄淮海地区粮油产量和效益提供技术支撑。

本书共分七章，第一章介绍粮油多熟制栽培发展概述，第二章介绍粮油多熟制花生高效栽培种植方式，第三章介绍粮油多熟制花生生理生态特征，第四章和第五章介绍生态环境和栽培措施对花生生理特性的影响，第六章重点介绍课题组研发的小麦花生两熟制一体化前重型施肥技术，第七章介绍粮油多熟制花生综合增产技术。附录部分收录了与粮油多熟制种植相关的山东省地方标准。

在研究过程中，先后得到山东省自然科学基金（ZR2016CM07）、国家自然科学基金（31801309、31571617、41501330、U1404315）和国家现代农业产业技术体系建设专项(CARS-13)等项目的资助，在此表示衷心的感谢！

参与本书编写的人员主要来自山东省花生研究所、河南科技大学、河南省农业科学院经济作物研究所、烟台市农业科学研究院、滨州学院及山东花生主产区农技推广相关单位等。由于作者水平所限，书中不足之处在所难免，恳请读者和同仁批评指正。

编 者

2020 年 6 月 20 日

目　　录

第一章　粮油多熟制栽培发展概述

第一节　粮油多熟制栽培的意义与发展历程

一、发展粮油多熟制栽培的意义

粮油是人类赖以生存的基本生活资料，也是我国大宗食品的基础原料，关系着国家的国计民生。2017 年全国植物油消费总量为 3565 万 t，其中，我国自产植物油为 1100 万 t，自给率仅为 30.8%（刘成等，2019）。花生是我国重要的油料作物，2016 年全国花生油年均产量 293 万 t，占国产植物油的四分之一。花生传统种植方式为春播，大约占花生总种植面积的 60%～70%。随着我国国民经济的发展和人民生活水平的不断提高，对农产品需求量持续增加与可耕地面积不断下降的矛盾日益突出。发展粮油多熟制生产，是缓解粮油争地矛盾，保障粮油安全的有效途径，有着广阔的发展前景。

1. 粮油多熟制栽培是我国国情的需要

根据全国土地调查的统计报告，截至 2019 年 12 月 31 日，我国耕地总面积为 1.35 亿 hm^2，折合 20.3 亿亩[①]，实际播种总面积为 17.41 亿亩。我国有 14 亿人口，人均耕地面积不足世界人均的 40%。随人口数量不断增加和生活水平的提高，如何在有限的土地上生产出更多的粮油产品来满足人们日益增长的物质需要，是农业科研面临的现实问题。发展粮油多熟制栽培，可提高复种指数和单位土地的生产量，是缓解粮油争地、人畜争粮矛盾，保障粮油安全的有效途径。

2. 粮油多熟制栽培是未来花生生产发展的方向

建设资源节约型社会是实施农业可持续发展的核心内容。许多研究表明，间套作光热资源利用率高，生物多样性好（李新平和黄进勇，2001；Tanwar et al.，2014），具有一定种植推广价值。据统计，四川 2013 年间套作面积突破 40 万 hm^2，广西 2008～2010 年间套作面积累计 120 多万 hm^2，山东间套作种类多达 86 种（李隆，2016）。

花生是豆科落花生属一年生草本植物，喜温、喜光、耐旱，是短日照作物，作物秸秆较低矮，而且自身有较强的固氮能力，对间作遮荫条件下的弱光环境具

[①] 1 亩≈666.7m^2

有一定的自我调节能力（唐秀梅等，2011）。花生是深根作物，与非深根作物间套作，由于根系扎根深度不同，吸收养分的区域不同，从而降低作物间对养分的竞争（王彦飞和曹国璠，2011）。因此，花生适宜于多种作物多种方式的间套作（颜石和杨琨，2015；于伯成等，2014）。一年一季春花生对土地和光热资源利用率低，而粮油多熟制栽培可充分利用土地、光热和养分资源，是未来花生生产发展的方向。

3. 粮油多熟制栽培是一种高效生态的农业种植方式

首先，粮油多熟制栽培有利于提高土壤肥力。花生根瘤菌固定的氮除供给当茬花生外，还有 1/3～2/5 通过残根落叶等方式遗留在土壤中，使土壤中氮水平得以提高，是良好的前茬作物。据试验，花生作为前茬作物种小麦比玉米茬增产26.4%，比甘薯茬增产34.9%。其次，花生的主根和早期形成的次生根较小麦等禾本科须根系作物粗壮，当花生根系腐朽后，在土壤中留下许多"管道"，这些管道成为土壤中水、气的通道，增加了土壤的通透性。再次，在石灰性缺铁土壤上，玉米花生间作能改善花生铁营养，促进花生生物固氮，从而提高产量（左元梅等，2004；房增国等，2004）。另外，粮油多熟制栽培可有效缓解连作对花生带来的生育障碍；还可以显著减轻小麦和花生病虫危害，如小麦全蚀病、花生叶斑病、线虫病等。据试验，在小麦全蚀病的发病地，实行小麦花生轮作比小麦玉米轮作，小麦增产 5.4%～16.4%，小麦全蚀病越重，增产越明显。

二、粮油多熟制栽培的发展历程

1. 经验种植期

20 世纪 50 年代至 60 年代后期，我国粮油多熟制栽培基本处于经验种植时期，多数年份种植面积不足 20 万 hm²，农民凭习惯和经验种植，种植方法多为行行套种，单产不足 1000 kg·hm⁻²。主要集中在湖南、湖北、四川等省。河南、山东等只有少量种植，如河南 1965 年花生播种面积 14.44 万 hm²，麦套种和夏直播花生面积仅占 10%；山东 1963 年麦套种花生面积 6.6 万 hm²，也仅占全省花生种植面积的 10%左右。

2. 总结推广期

20 世纪 70 年代至 80 年代中期，随着我国人口不断增长和可开垦土地的不断减少，粮油争地矛盾日益突出，粮油多熟制栽培逐渐受到人们的重视。花生主产区的科研单位、农业技术推广部门对各地两熟制种植方式与栽培技术进行了系统总结，筛选出一些适合不同生态地区和生产条件的粮油多熟制种植方式与高产技术,如河南的"隔行套种二隔一的宽行密植栽培技术"、四川的"小行和宽窄行麦套花生配套技术"、山东的"大沟麦和小沟麦套种花生栽培技术"等,并进行了广泛的示范、推广和应用后,大面积单产小麦达 3000 kg·hm^{-2} 以上、花生达 3750 kg·hm^{-2} 以上。推动了以麦套花生为主的小麦花生两熟栽培的发展,有效缓解了粮油争地矛盾。花生与玉米间作,曾是我国北方花生产区 20 世纪 60 年代中期到 70 年代末期的主要间作方式,为增加粮油产量发挥了很大作用,自 20 世纪 80 年代以来,北方已很少有这种间作方式。

3. 快速发展期

20 世纪 80 年代中期,粮油多熟制栽培进入了快速发展期。栽培技术由以往的经验总结和推广逐渐转为技术创新与经验总结相结合,并在种植方式、品种搭配、小麦花生一体化施肥、小麦花生复合群体、花生生育规律等方面取得了较大进展,建立了较为完善的小麦花生两熟制高产栽培技术体系,并进行了广泛推广与应用,粮油产量显著提高。80 年代末期山东出现了大面积小麦花生产量双 4500 kg·hm^{-2}、产量双 6000 kg·hm^{-2};90 年代初期,在全省 11 个县(市)小麦花生两熟开发中,实现了 3.3 万 hm^2 小麦花生产量双 6000 kg·hm^{-2}。河南研究制定了适宜的套种方式、套种时间、密度、肥水管理等,选育推广了 10 多个适宜麦田套种的花生品种,显著提高了花生生产水平。自 2010 年起,山东省农业科学院开展了玉米花生宽幅间作种植模式研究,在理论研究、技术创新和配套产品研发方面取得重要阶段性成果。采用玉米花生宽幅间作,既充分利用边行优势,实现年际间交替轮作,又达到作物间和谐共生的一季双收种植模式。玉米花生宽幅间作栽培技术增产增收及生态效果显著,间作玉米产量与当地单作玉米产量相当,间作花生平均亩产 150 kg 左右,较单作玉米每亩增加效益 500 元以上(万书波,2017;唐朝辉等,2018)。

第二节　粮油多熟制栽培发展的限制因素及发展对策

一、粮油多熟制栽培发展的限制因素

1. 光热资源不足

花生生长季节光热不足是限制黄淮海地区粮油多熟制发展的最大气候因子。以山东的温度为例,小麦收获期一般从 6 月上旬至中下旬,如果花生采用麦田夏直播种植方式,花生生长期鲁东一般为 100～105 天,鲁西为 120～125 天,生育期内积温鲁东为 2400～2600℃,鲁西为 2800～3000℃。一般认为,高产花生全生育期积温的临界指标为 3200℃,适宜指标为 3500℃。按照这一指标,夏直播花生

要获得较高的产量，鲁东、鲁西分别少600~800℃和200~400℃。光热的严重不足，是影响花生产量和效益的最主要因素。

2. 粮油争地矛盾未有效解决

一般说来，粮油多熟制体系中，前茬小麦高产或多或少会对后茬花生的产量造成一定影响。套种条件下，高产小麦往往群体大，收获晚，对花生遮荫程度大且时间长，从而影响花生的生长发育和产量；夏直播虽然不存在遮荫问题，但往往因小麦收获晚而缩短花生生长期，并影响最终产量。若小麦行距加大，小麦占地比例减少，对花生的影响减轻，有利于后茬花生高产，但对小麦产量不利。虽然生产中采取了一些补偿措施，如选用大穗型品种，通过肥水合理运筹充分发挥小麦的边行优势，但在多数情况下产量依然达不到单作小麦水平。玉米花生间作时往往导致玉米种植面积的萎缩，而间作玉米群体自身边行的发挥不能抵消面积减少造成的产量损失。另外，玉米花生间作条件下，玉米株高较高对花生遮荫程度大，花生荚果产量降低比较明显。

3. 机械化水平低

近年来劳动力减少、劳动用工成本增加，农业机械化是实现农业现代化的重要途径。长期以来，粮油多熟制栽培的机械化作业一直处于较低水平。麦田套种，小麦的收获和花生的播种均不便于机械作业。目前，麦田套种地区小麦和花生的播种、收获基本是人工或使用简单的农具。玉米花生间套作由于大部分时间两者处于共生阶段，不便于机械化操作，因此费工费时，劳动成本较高，极大地限制了多熟制的推广。

二、加速粮油多熟制栽培的发展对策

1. 培育适合多熟制栽培的品种

小麦应选育生育期短、矮秆、抗倒伏大穗型品种，收获期应比目前生产上推广的品种早5~7天，适当晚播；玉米品种选择株型紧凑、叶片上冲、抗倒、产量潜力大的品种；花生应选育疏枝直立、叶片厚、耐荫性强、中熟或早熟大果品种。

2. 筛选适宜的种植方式

不同的生态区光热资源存在一定差异，在光热资源较为充足、无霜期较长、年积温较高的地区，如鲁西的聊城、菏泽等地，可选用麦田夏直播花生或小麦花生共生期较短的套种方式，如小垄宽幅麦套种、30 cm等行距套种等；在光热资源相对不足、无霜期较短、年积温较低的地区，如鲁东的烟台、威海等地，可选用小麦花生共生期相对较长的套种方式，如大垄宽幅麦套种。

3. 加强弱光胁迫抗逆栽培关键技术研究

针对限制粮油多熟制作物产量与效益的主要限制因子，加大弱光胁迫改良等抗逆栽培技术的创新，通过关键技术的创新与突破，带动多熟制技术的发展。技术创新的重点是套种条件下肥水高效利用技术和群体调控技术。

4. 加强配套机械研制

近年来，花生科研单位先后研制出大垄和小垄宽幅麦套小麦播种机、花生套播机和收获机，集施肥、旋耕、播种、覆膜等于一体的夏直播花生联合播种机，以及玉米花生一体化播种机，较好地实现了多熟制栽培的机械化作业，但其作业性能仍未达到生产上可以大面积应用的水平，今后还需要进一步加强技术攻关。

第三节 粮油多熟制花生高效栽培基本原理

一、小麦花生两熟制双高产栽培原理

小麦花生两熟制双高产栽培的基本原理就是将小麦花生视为一项整体系统工程，根据环境特征及作物特性，巧妙地将小麦花生单作高产栽培技术与两熟制一体化栽培有机地结合起来，实现作物-环境-措施的协调统一，以达到充分利用现有自然资源和生产条件的目的。

1. 实行套种或覆膜夏直播，增加花生生育期的积温

以山东为例，若鲁东、鲁西将夏直播花生改为套种，并将套种时期分别提前为4月下旬至5月初和5月上旬至中旬，积温将分别增加900~1100℃和710~750℃，使花生全生育期的积温达到3200~3500℃，满足高产花生对积温的要求，同时日照时数分别增加440~460 h和230~250 h。

另外，通过地膜覆盖，可部分弥补夏直播花生热量不足的问题。大田测定表明，夏直播花生地膜覆盖后，全生育期地积温比露栽可增加 98~119℃，日均高0.8~1.1℃。

2. 花生生育前期的相对耐荫性使套种花生高产成为可能

花生不同生育时期耐荫性存在差异，耐荫性幼苗期＞花针期＞结荚期＞饱果

期。山东麦套花生体系小麦花生共生期一般在 2 个月以内，鲁西、鲁东分别为 20～25 天和 50～60 天。花生幼苗在麦行间实际生长期分别为 13～18 天和 35～40 天，即共生期主要是苗期，最长至花针中期。而且，共生期较长的鲁东地区，花生套种行（垄）一般较宽，透光性较好。因此，尽管套种花生在共生期光照相对不足，但全生育期内植株受光量及光吸收量明显高于夏直播花生。

3. 适当推迟小麦播期，延长花生饱果期

限制夏直播和麦套花生产量的主要因素之一是花生生长期不足，饱果成熟期短，饱果率低。与花生相比，小麦对播期的反应相对迟钝。播期相差 7～10 天，成熟期相差不大。迟播的小麦通过适当增加播种量及加强田间管理等措施，其产量与早播的小麦相差无几。利用小麦的这一特性，可将花生收获期延至 10 月上旬，比传统的收获期推迟 7～10 天，光照、积温可分别增加 50～90 h 和 120～180℃。试验表明，高产夏直播花生在条件适宜时，收获前 10 天内荚果日增重可达 60～65 kg·hm^{-2}。按生育期增加 7～10 天计，每公顷可增加荚果产量 420～650 kg。

4. 适当放宽花生套种行距，充分发挥小麦边行优势

为使共生期内小麦对花生生育的影响降至最低程度且便于田间作业，在一定范围内可适当放宽花生套种行距，通过选用适当小麦品种及加强田间管理等措施，充分发挥边行优势，通过增加穗粒数和千粒重补偿或部分补偿由套种行距加宽，小麦播种面积减少而损失的产量。大田试验表明，小垄宽幅麦比一般畦田麦的基部行间透光率、小麦穗粒数和千粒重分别增加 10.5%、6.5～8.3 粒和 1.7～3.2 g；大垄宽幅麦比大沟麦的 3 个指标分别增加 28.5%、2.5～3.6 粒和 0.7～1.2 g。套种行距加宽后，小麦对花生生育的诸多不利影响（如"高脚苗"现象）明显减轻，产量明显提高。例如，小垄宽幅麦套种比一般畦田麦套种花生单位面积果数和百果重分别增加 35 个·m^{-2} 和 2 g；大垄宽幅麦套种比大沟麦套种花生结实率和饱果率分别提高 2.5%和 1.53%。

5. 前后作兼顾，适当控制小麦群体

除放宽套种行距外，适当控制小麦群体是减少小麦对花生生育影响的重要途径。大田试验表明，小麦群体基本苗在 90 万～270 万株·hm^{-2} 范围内，花生产量与小麦基本苗数呈高度负相关（$r=-0.9759^{**}$～-0.9723^{**}）。小麦基本苗每增加 10 万株·hm^{-2}，花生平均减产 46 kg·hm^{-2}（大垄宽幅麦套种）或 12 kg·hm^{-2}（等幅麦套种）。因此，在小麦花生复合群体中，小麦是复合群体的主体，在小麦产量不显著降低的前提下，应适当控制基本苗。

6. 根据作物营养特性，适当重施前作肥

小麦高产离不开当茬肥料，而花生高产在很大程度上取决于土壤肥力。因此，在小麦花生两熟制栽培中，重施前作小麦肥，不仅可确保当茬小麦对营养元素的需求，而且可培肥地力，为下茬花生高产奠定肥力基础。

7. 前后茬兼顾，合理搭配品种

小麦品种选择在兼顾高产、稳产的同时，尽量减少对花生的影响。套种地区小麦选用早熟、矮秆、抗倒伏、大穗或中穗型品种，花生选用增产潜力大的中熟大果品种；夏直播地区小麦选用早熟品种，花生选用中熟偏早的大果品种。

二、玉米花生间作高效栽培原理

1. 充分利用光热资源

玉米与花生搭配间作属高矮相错生态位的作物间作，既能够充分发挥边行优势，提高单株产量，保障玉米产量不减，每亩地可间套花生 6000～8000 株，又可以在时间和空间上合理利用光能、热量、水分、养分、土地等资源，实现油料作物与粮食作物同步增产。

2. 玉米花生营养互补

玉米花生宽幅间作，可充分发挥须根系与直根系、高秆与矮秆、需氮多与需磷钾多的互补效应，具有高产高效、共生固氮、资源利用率高、改良土壤环境、增强群体抗逆性等优点，能充分利用不同空间和层次的光能。同时，在石灰性缺铁土壤上，玉米花生间作能改善花生铁营养，实现花生籽仁铁锌的富集，进而改善人体微量元素营养水平（夏海勇和薛艳芳，2017）。

3. 经济和生态效益高

由于禾本科与豆科轮作具有改良土壤、降低病害等作用，化肥、农药投入减少 10%以上，与玉米茬小麦比较，玉米花生间作茬小麦增产 5%以上，周年效益提高 30%以上。

第二章　粮油多熟制花生高效栽培种植方式

第一节　高效种植方式

山东传统粮油多熟制种植方式主要分为麦套、夏直播和玉米花生间作三大类。麦套又分为大沟麦套种、小沟麦套种、一般等行麦套种、小麦大小行套种等多种方式。随着生产条件的改变和产量的提高，这些传统的种植方式在一定程度上限制了花生产量的进一步提高。为了探索现有生产力水平下多熟制种植方式，作者对传统种植方式进行了适当改进。其中在鲁东将原有的大沟麦畦宽花生套种行距由原来的 75 cm 左右放宽到 90 cm，花生由原来的露地套种改为覆膜套种，形成大垄宽幅麦花生覆膜套种方式（简称大垄宽幅麦套种）。在鲁西将小麦大小行（行距 23～27 cm）花生平地套种改为花生起垄套种，形成小垄宽幅麦花生套种（简称小垄宽幅麦套种），或将小麦行距放宽到 30 cm 等行距（简称 30 cm 等行麦套种）。在鲁中、鲁南将夏直播花生由传统的麦收后平地播种改为起垄覆膜栽培。各种植方式的规格如下。

一、大垄宽幅麦套种

1. 种植规格

小麦畦宽 90 cm，畦内起宽 50 cm、高 10 cm 的花生套种垄，垄沟内播一条 20 cm 的小麦宽幅带。第二年春天，在垄上覆膜套种 2 行花生，花生套期同当地春播花生（图 2-1）。

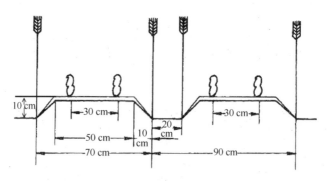

图 2-1　大垄宽幅麦套种花生

2. 优势

花生套种行加宽，小麦对花生遮荫的影响减轻，花生套期提前，生育期延长，积温和光照总量增加，再加上地膜覆盖的增温、保湿和改善土壤理化性状等效应，花生产量显著提高（表 2-1）；小麦占地面积比大沟麦虽有所减少，但由于小麦行距增加，边行优势进一步加大，再加上花生地膜覆盖给小麦带来的一些有利影响，穗粒数和千粒重显著提高，小麦产量与大沟麦相差无几。因此该方式全年经济效益较大沟麦显著增加。

表 2-1　大垄宽幅麦与大沟麦花生套种行间近地面 30 cm 处小气候比较

（苗期 5 月 30 日上午 9:00～10:00）

项目	大垄宽幅麦	大沟麦	差异百分数（%）
CO_2 浓度（$\mu mol \cdot mol^{-1}$）	312.5	298.2	4.8
光照强度（$\times 10^4$ lx）	7.6	6.8	11.7
气温（℃）	29.8	28.9	3.1

二、小垄宽幅麦套种

1. 种植规格

小麦播种时，畦宽 40 cm，畦内起一小垄，垄底宽 33～34 cm，垄高 12～14 cm，垄沟内播 2 行小麦，或一条 6～7 cm 的小麦宽幅带。第二年小麦收获前 20～25 天，在垄上套种 1 行花生（图 2-2）。

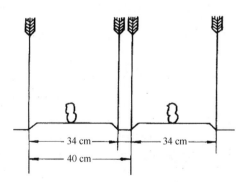

图 2-2　小垄宽幅麦套种花生

2. 优势

花生套种行加宽，花生套期可提前 5～7 天，生育期延长和光、温积累量增加，再加上花生由平作改垄作的增产效应，花生产量显著提高；在小麦大小行套种方式中，2 行小麦的幅宽为 43 cm 左右，而小垄宽幅麦 2 行小麦幅宽为 40 cm，减少 3 cm 左右，但在小垄宽幅麦中，2 行小麦的外侧都是花生套种行，边行优势大（表 2-2），小麦单位面积穗数与小麦大小行套种方式相近或略低，但穗粒数和千粒重增加，最终小麦产量与大小行套种方式相近。因此该方式全年经济效益大幅度增加。另外，由于该方式由传统的畦灌改为沟灌，作物水分利用率显著提高，生产成本降低。

表 2-2　小垄宽幅麦与小麦大小行花生套种行间近地面 30 cm 小气候

（苗期 6 月 10 日上午 9:00～10:00）

项目	小垄宽幅麦	小麦大小行	差异百分数（%）
CO_2 浓度（$\mu mol \cdot mol^{-1}$）	303.8	291.6	4.2
光照强度（$\times 10^4$ lx）	6.4	4.6	3.9
气温（℃）	28.4	27.8	2.2

三、30 cm 等行麦套种

1. 种植规格

小麦畦宽同当地传统种植方式，畦内小麦 30 cm 等行距播种。第二年小麦收获前 20～25 天，每行小麦间套种 1 行花生。

2. 优势

花生套种行加宽，花生套期可提前 1 周左右，光、温积累量增加和生育期延长。小麦边行优势增强，穗粒数和千粒重增加，补偿了小麦因播种面积比例减少所造成的产量损失。

四、畦田麦夏直播

1. 种植规格

小麦按照当地高产种植方式进行播种。麦收后起垄，垄距 80～85 cm，垄高 8～10 cm，在垄上覆膜打孔播种 2 行花生，或播种后不覆膜，待出苗后再覆盖地膜。

2. 优势

（1）增加积温

限制夏直播花生产量的主要因素之一是花生生长季短，光热不足。覆膜栽培可显著增加花生的地积温。与露栽相比，覆膜栽培6月、7月、8月日均增温1.4℃、2.6℃和0.4℃，6月、7月和8月累积增温14.0℃、80.0℃和12.4℃（表2-3）。

表2-3　覆膜对花生田地温（5 cm）的影响　　（单位：℃）

种植方式	6月	7月	8月	9月
覆膜温度	24.4	29.5	25.3	19.8
露栽温度	23.0	26.9	24.9	19.9
日均增温	1.4	2.6	0.4	−0.1
累积增温	14.0	80.0	12.4	−3.0

（2）提高土壤通透性

花生是地下结果作物，对土壤的通透性要求较为严格。垄作+覆膜栽培有利于花生根系和荚果发育，提高荚果饱满度，进而提高花生产量（表2-4）。

表2-4　垄作覆膜对耕作层结构、荚果产量及荚果性状的影响

种植方式	土壤容重（$g \cdot cm^{-3}$）		荚果产量（$kg \cdot hm^{-2}$）	单株果数（个）	千克果数（个）	饱果率（%）	出米率（%）
	0～10 cm	10～20 cm					
垄作覆膜	1.14	1.45	6187.5	12.5	512	61.5	66.4
平作露栽	1.39	1.55	5131.5	10.3	553	55.3	64.8

五、玉米花生间套作

1. 春花生和夏玉米套作

这种玉米花生间套作方式的特点是春花生较夏玉米提前播种30～50天，提前收获近一个月，从而有效缓解玉米遮荫的影响，而且两者之间实现时空生态位的互补，提高对光热水肥等资源的利用率。具体方式有玉米花生行比2∶2间作、3∶2间作、2∶4间作、3∶4间作等（夏海勇和薛艳芳，2017）。

2. 夏花生和夏玉米全生育期间作

此种间作类型的特点是玉米花生同时种、同时收，两种作物整个生育期间作共生。主要包括以下2种种植方式。

（1）"稳粮增油"方式

该方式的特点是通过缩小玉米株行距，保证间作玉米密度与单作接近的情况下，挤出较窄的带幅来种植花生，这样保证间作玉米和单作持平或略有减产的情况下，增收一季花生，稳粮为主，增油为辅。该方式的核心技术是玉米在间作带中的面积分配比例不低于 3/5,通过缩小玉米株行距,保证间作玉米密度和产量与单作接近。具体方式包括玉米花生行比 2 : 2 间作和 3 : 2 间作(夏海勇和薛艳芳,2017)。

2 : 2 间作方式种植规格 带宽 200 cm,玉米小行距 60 cm,株距 16 cm;玉米花生间隔 30 cm,花生垄距 80 cm、垄高 10 cm、垄面宽 50~55 cm,垄上种 2 行,小行距 30 cm,穴距 15 cm,每穴 2 粒(玉米花生的种植密度分别为 62 250 株·hm^{-2} 和 67 500 穴·hm^{-2})。

3 : 2 间作方式种植规格 带宽 290 cm,玉米小行距 60 cm,株距 17 cm;玉米花生间隔 40 cm,花生垄距 90 cm、垄高 10 cm、垄面宽 50~55 cm,垄上种 2 行,小行距 35 cm,穴距 15 cm,每穴 2 粒(玉米花生的种植密度分别为 60 750 株·hm^{-2} 和 46 500 穴·hm^{-2})。

(2)"粮油均衡增产"方式

该方式的特点是通过缩小玉米株行距,保证间作玉米密度与单作玉米差距不大的情况下,挤出较宽带幅来种植花生,在一定程度上满足粮食和油料作物均衡增产发展的需求,两者都能保证一定的产量。该方式的核心技术指标是玉米在间作带中的面积分配比例低于 3/5,通过缩小玉米株行距保证间作群体密度与单作相比降低≤20%,产量降低≤25%,每公顷增收花生≥1500 kg。具体方式包括玉米花生行比 2 : 4 间作和 3 : 4 间作(夏海勇和薛艳芳,2017)。

2 : 4 间作方式种植规格 带宽 300 cm,玉米花生在间作带中面积分配比例为 4 : 6;玉米小行距 60 cm,株距 14 cm;玉米花生间隔 30 cm,花生垄距 85 cm、垄高 10 cm、垄面宽 50~55 cm,垄上种 2 行,小行距 35 cm,穴距 15 cm,每穴 2 粒(玉米花生的种植密度分别为 48 000 株·hm^{-2} 和 90 000 穴·hm^{-2})。

3 : 4 间作方式种植规格 带宽 360 cm,玉米花生在间作带中面积分配比例为 5 : 5;玉米小行距 60 cm,株距 17 cm;玉米花生间隔 40 cm,花生垄距 90 cm、垄高 10 cm、垄面宽 50~55 cm,垄上种 2 行,小行距 35 cm,穴距 15 cm,每穴 2 粒(玉米花生的种植密度分别为 60 750 株·hm^{-2} 和 46 500 穴·hm^{-2})。

第二节 种植方式综合评价

一、小麦花生两熟制不同种植方式综合评价

为了鉴定已有种植方式(包括传统和改进的)在不同生态区对现有生产条件和技术措施的适应性,1993~1996 年在鲁东、鲁西不同生态区域对花生主要种植方式进行了大田试验,以期为不同生态区域筛选出花生最佳种植方式。试验设 8 种种植方式,具体如下。

大垄宽幅麦套种花生（M_1）：小麦畦宽 90 cm，畦内起宽 50 cm、高 10 cm 的花生套种垄，垄沟内播一条 20 cm 的小麦宽幅带。4 月 25 日在垄上覆膜套种 2 行花生，垄上行距 30 cm，密度 13.47 万穴·hm^{-2}，每穴 2 粒（下同），9 月 5 日（鲁西）或 7 日（鲁东）收获。

大沟麦套种花生（M_2）：小麦畦宽 75 cm，畦内起宽 50 cm、高 10 cm 的垄，垄沟内播 1 行小麦。5 月 5 日在垄上套种 2 行花生，密度 13.68 万穴·hm^{-2}，9 月 15 收获。

小沟麦套种花生（M_3）：小麦畦宽 45 cm，畦内起宽 20 cm、高 10 cm 的垄，垄沟内播 2 行小麦。5 月 15 日在垄上套种 1 行花生，密度 13.98 万穴·hm^{-2}，9 月 20 收获。

小垄宽幅麦套种花生（M_4）：畦宽 40 cm，畦内起一小垄，沟内播一条 6～7 cm 的小麦宽幅带。5 月 15 日（鲁西）或 25 日（鲁东）在垄上套种 1 行花生，密度 14.28 万穴·hm^{-2}，9 月 25 日（鲁西）或 30 日（鲁东）收获。

一般等行麦套种花生（M_5）：小麦 23 cm 等行距播种。5 月 20 日（鲁西）或 31 日（鲁东）在每一麦行间套种 1 行花生，密度 14.49 万穴·hm^{-2}，9 月 30 日（鲁西）或 10 月 5 日（鲁东）收获。

小麦大小行套种花生（M_6）：小麦大小行交替播种。大行距 23 cm，小行距 20 cm。5 月 31 日在大行间套种 1 行花生，密度 14.54 万穴·hm^{-2}，10 月 5 日收获。

畦田麦夏直播花生（M_7）：小麦 20 cm 等行距播种。麦收后起垄，垄距 80 cm，6 月 13 日（鲁西）或 20 日（鲁东）在垄上覆膜打孔播种 2 行花生，密度 15.6 万穴·hm^{-2}，10 月 5 日（鲁西）或 10 日（鲁东）收获。

春播花生（M_8）：种植规格、播种、收获日期及密度同大垄宽幅麦套种花生。

其中 M_2、M_3、M_5、M_6 4 种方式为传统种植方式。

1. 不同种植方式作物产量比较

从作物产量看，在小麦花生两熟制栽培中，不同种植方式的小麦产量基本随小麦行距的增加而降低，无论鲁东、鲁西，小麦产量均以畦田麦夏直播最高，但与大小行套种和一般等行麦套种两种方式差异不显著；大垄宽幅麦套种最低，显著低于其他种植方式。花生产量与小麦产量相反，在鲁东，除春花生外，大垄宽幅麦套种花生产量最高，大沟麦套种次之，一般等行麦套种最低，夏直播花生居中。全年总产鲁东、鲁西略有不同，鲁东畦田麦夏直播最高，每公顷总产在 12t 以上，显著高于其他种植方式；其他两熟制种植方式差异较小，每公顷总产在 11t 左右。而鲁西小垄宽幅麦套种花生全年总产最高，但与等行麦套种花生和畦田麦夏直播花生两种方式差异不显著。无论鲁东、鲁西，春播花生全年总产均列所有种植方式之末（表 2-5）。

表 2-5   不同种植方式作物产量   （单位：kg·hm^{-2}）

种植方式	鲁东（莱西）			鲁西（宁阳）		
	小麦	花生	全年	小麦	花生	全年
M_1	5 184.5e	5 860.5a	11 045.0cd	5 241.0c	6 048.5a	11 289.5b
M_2	5 766.0d	5 019.5b	10 785.5d	/	/	/
M_3	6 402.0c	4 632.5c	11 034.5cd	/	/	/
M_4	7 373.0b	4 230.0d	11 603.0b	6 797.5b	5 464.0b	12 261.5a
M_5	7 723.5a	3 277.0e	11 000.0cd	6 913.0ab	5 201.0bc	12 114.0a
M_6	7 826.5a	3 451.5e	11 278.0bc	/	/	/
M_7	7 894.5a	4 347.5d	12 241.5a	7 082.0a	4 934.0c	12 016.0a
M_8	/	6 411.5a	6 411.5e	/	6 532.5a	6 532.5c

注：同一列不同小写字母表示差异显著（$P<0.05$）；M_1 大垄宽幅麦套种花生，M_2 大沟麦套种花生，M_3 小沟麦套种花生，M_4 小垄宽幅麦套种花生，M_5 一般等行麦套种花生，M_6 小麦大小行套种，M_7 畦田麦夏直播花生，M_8 春播花生，本章下同

2. 不同种植方式经济效益比较

不同种植方式小麦、花生单作经济效益高低与各自的产量表现一致。鲁东、鲁西前茬小麦效益均以畦田麦套种最高，其次为等行麦套种和小麦大小行套种两种种植方式，大垄宽幅麦套种最低，大沟麦套种和小沟麦套种效益略好于大垄宽幅麦套种，但仍处于较低水平，小垄宽幅麦套种居中。花生效益大垄宽幅麦套种最高，等行麦套种（鲁东）和畦田麦夏直播（鲁西）最低。不同种植方式全年效益，鲁东大垄宽幅麦套种最高，其次为春播花生和大沟麦套种，全年效益在 14 000 元·hm^{-2} 以上，等行麦套种和大小行套种较低，效益在 12 000 元·hm^{-2} 以下。鲁西小垄宽幅麦套种和等行麦套种两种方式效益较高，在 16 000 元·hm^{-2} 以上；大垄宽幅麦套种和畦田麦夏直播其次，经济效益 15 000～16 000 元·hm^{-2}；春花生最低，全年效益在 15 000 元/ hm^2 以下（表 2-6）。

表 2-6   不同种植方式经济效益   （单位：元·hm^{-2}）

种植方式	鲁东（莱西）			鲁西（宁阳）		
	小麦	花生	全年	小麦	花生	全年
M_1	2 485.5	13 435.5	15 921.0	2 554.5	13 407.0	15 961.5
M_2	3 195.0	10 879.5	14 074.5	/	/	/
M_3	3 970.5	9 703.5	13 674.0	/	/	/
M_4	5 155.5	8 479.5	13 635.0	4 453.5	12 232.5	16 686.0
M_5	5 583.0	5 581.5	11 164.5	4 594.5	11 430.0	16 024.5

续表

种植方式	鲁东（莱西）			鲁西（宁阳）		
	小麦	花生	全年	小麦	花生	全年
M₆	5 709.0	6 112.5	11 821.5	/	/	/
M₇	5 790.0	8 113.5	13 903.5	4 800.0	10 474.5	15 274.5
M₈	/	14 509.0	14 509.0	/	14 878.5	14 878.5

3. 小麦、花生当季及全年光能利用率比较

在鲁东，畦田麦套种、小麦大小行套种和一般等行麦套种小麦单季光能利用率较高，光能利用率在1.6%以上，随后为小垄宽幅麦套种、小沟麦套种、大沟麦套种和大垄宽幅麦套种，光能利用率从1.54%依次降至1.04%。与小麦不同，花生单季光能利用率的高低与荚果产量水平并非完全一致。春花生最高，其次为大垄宽幅麦套种，夏直播花生虽然产量低于大沟麦套种和小沟麦套种，但其光能利用率却超过了大、小沟麦套种两种方式列第三位，一般等行麦套种和大小行套种较低，光能利用率不足1.4%。在鲁西，不同种植方式小麦光能利用率与鲁东趋势相似。而花生则不同，夏直播光能利用率最高，春花生次之，一般等行麦套种最低。从全年光能利用率看，无论鲁东、鲁西均为小麦花生两熟制＞春花生。前者全年光能利用率均在1.6%以上，而后者只有1.05%～1.06%。鲁东畦田麦夏直播最高，达到1.84%，其次是小垄宽幅麦套种，为1.76%，其余几种方式的光能利用率均在1.64%～1.68%。鲁西以小垄宽幅麦套种最高，随后依次为一般等行麦套种和畦田麦夏直播，但这三种方式差异不大，光能利用率均在1.8%以上，大垄宽幅麦套种光能利用率最低，为1.71%（表2-7）。

表2-7 小麦、花生当季及全年光能利用率 　　（%）

种植方式	鲁东（莱西）			鲁西（宁阳）		
	小麦	花生	全年	小麦	花生	全年
M₁	1.04	2.08	1.68	1.11	2.13	1.71
M₂	1.18	1.84	1.64	/	/	/
M₃	1.32	1.74	1.66	/	/	/
M₄	1.54	1.64	1.76	1.52	2.05	1.89
M₅	1.62	1.30	1.64	1.56	1.99	1.88
M₆	1.64	1.38	1.68	/	/	/
M₇	1.66	2.00	1.84	1.60	2.28	1.85
M₈	/	2.23	1.05	/	2.22	1.06

4. 不同种植方式综合评判

鲁东试验表明，大垄宽幅麦套种行较宽，小麦对花生影响小，因而花生可提前至与春花生同期播种，且可充分发挥地膜覆盖的增产效应，在所有两熟制种植方式中，花生产量和全年效益最高，分别达到 5860.5 kg·hm^{-2} 和 15 921.0 元·hm^{-2}，分别比一般等行麦套种提高 78.8%和 42.6%，是鲁东小麦花生两熟制较为理想的一种方式。此种方式的不足是小麦产量低，仅为畦田麦小麦产量的 2/3 左右，全年光能利用率一般。同时，此种方式由于需要在麦行间覆膜播种，加之小麦花生共生期较长，管理复杂，因而，较其他套种方式田间作业量大，技术要求高。另外，由于小麦播种、收获及花生播种均不能使用机械作业，在一定程度上限制了机械化的发展。

畦田麦夏直播小麦产量和全年光能利用率高，其中小麦产量比大垄宽幅麦套种增产 52.3%，全年光能利用率居首位，达到 1.84%，虽然花生播种期较麦套花生晚，但由于采用了地膜覆盖栽培技术，土壤保温保湿和其他理化性状明显好于多数套种花生，因而，其产量明显高于一般等行麦套种和大小行套种。畦田麦夏直播全年经济效益低于大垄宽幅麦和春播花生，与大沟麦套种相近。另外，由于该方式小麦与花生没有共生期，前茬小麦和后茬花生均可按有利于各自群体发育的最佳种植方式进行田间安排，小麦播种、收获、花生播种等均可使用机械作业。因而，在机械化程度高，劳动力不足的地区，夏直播花生不乏为一种较为理想的种植方式。而大沟麦套种、小沟麦套种、小垄宽幅麦套种、一般等行麦套种和小麦大小行套种 5 种种植方式虽各有特点，但在产量、效益、光能利用率及田间作业等主要指标上没有明显优势，鲁东地区一般情况下不宜采用。

鲁西试验表明，尽管小垄宽幅麦套种的小麦、花生单作产量不是很突出，但其全年效益和光能利用率高，分别达到 16 686.0 元·hm^{-2} 和 1.89%，分别比大垄宽幅麦套种提高 4.5%和 0.18 个百分点，是鲁西两熟制较为理想的一种方式。此种方式的不足是小麦收获和花生播种均不能使用机械作业，花生套种田间作业不便，易造成小麦机械损伤。

一般等行麦套种和大垄宽幅麦套种两种方式无论从全年经济效益，还是光能利用率都不及小垄宽幅麦套种。一般等行麦套种在田间种植和作业等方面与小垄宽幅麦套种属于同一类型，大垄宽幅麦套种田间作业困难、不利于机械作业。因此，此两种方式在鲁西一般不宜采用。畦田麦夏直播花生虽然在产量、全年效益及光能利用率等方面不是很突出，但与其他种植方式差异不大，在劳动力紧张、机械化程度高的地区可推广使用。

二、小麦花生与小麦玉米两熟制综合评价

小麦玉米和小麦花生两熟制栽培在山东广泛应用。1995～1996 年，对鲁东小

麦、玉米、花生三种主要农作物不同种植方式的产量、效益、光能利用率，以及后效作用进行了综合比较，以期为该地区农业生产科学安排茬口提供依据。试验种植方式取自鲁东小麦、花生、玉米三大作物两熟制的 4 种种植方式，即大垄宽幅麦套种花生、小麦大小行套种玉米、畦田麦夏直播花生和畦田麦夏直播玉米。试验设计如下。

大垄宽幅麦套种花生（M₁）：小麦畦宽 90 cm，畦内起宽 50 cm、高 10 cm 的花生套种垄，垄沟内播一条 20 cm 的小麦宽幅带。4 月 25 日在垄上覆膜套种两 2 行花生，垄上行距 30 cm，密度 13.47 万穴·hm^{-2}，每穴 2 粒（下同），9 月 5 日（鲁西）或 7 日（鲁东）收获。

小麦大小行套种玉米（M₂）：小麦大小行种植，大行 30 cm，小行 20 cm。麦收前 2 周左右在大行间套种 1 行玉米，穴距 27 cm。

畦田麦夏直播花生（M₃）：小麦 20 cm 等行距播种。麦收后起垄，垄距 80 cm，6 月 13 日（鲁西）或 20 日（鲁东）在垄上覆膜打孔播种 2 行花生，密度 15.6 万穴·hm^{-2}，10 月 5 日（鲁西）或 10 日（鲁东）收获。

畦田麦夏直播玉米（M₄）：小麦 20 cm 等行距播种。麦收后直播夏玉米，行距 50 cm，穴距 27 cm。

1. 不同种植方式作物产量比较

从作物产量看，小麦以畦田麦夏直播花生最高，大小行套种玉米次之，后者比前者仅减产 3.8%。大垄宽幅麦套种产量最低，较前两种方式减产 1/4 以上。套种玉米产量略高于夏直播，二者相差甚微，仅有 0.2%。全年混合产量，小麦玉米两熟高于小麦花生两熟（表 2-8）。

表 2-8　不同种植方式作物产量　　　（单位：kg·hm^{-2}）

种植方式	小麦（籽粒）	花生（荚果）	玉米（籽粒）	全年
大垄宽幅麦套种花生 M₁	5 362.5	4 978.5	/	10 341.0
小麦大小行套种玉米 M₂	7 121.5	/	7 596.0	14 717.5
畦田麦夏直播花生 M₃	7 403.0	3 185.5	/	10 588.5
畦田麦夏直播玉米 M₄	/	/	7 581.0	14 984.0

2. 不同种植方式经济效益比较

前茬小麦经济效益畦田麦最高，大小行略低，二者均明显高于大垄宽幅麦。大垄宽幅麦的公顷效益仅为其他两种方式的 3/5 左右；与前茬小麦相反，后作效益以大垄宽幅麦套种花生最高，效益达到 10 605.0 元·hm^{-2}，夏直播花生产量虽然不足夏直播玉米（或套种）的 1/2，但其公顷效益却高于夏直播玉米，充分体现了花生作为经济作物的价值。

不同种植方式全年效益，$M_1 > M_3 > M_4 \approx M_2$，即大垄宽幅麦套种花生效益最高，效益达到 16 000 元·hm^{-2} 以上，畦田麦夏直播花生次之，效益在 14 000 元·hm^{-2} 以上，而小麦套种或直播玉米效益最差，效益均在 14 000 元·hm^{-2} 以下（表 2-9）。

表 2-9　不同种植方式经济效益比较　（单位：元·hm^{-2}）

种植方式	小麦	花生	玉米	全年
大垄宽幅麦套种花生 M_1	5 491.5	10 605.0	/	16 095.0
小麦大小行套种玉米 M_2	8 637.0	/	5 115.0	13 758.0
畦田麦夏直播花生 M_3	9 129.0	4 905.0	/	14 041.5
畦田麦夏直播玉米 M_4	/	/	4 740.0	13 869.0

注：经济效益（元·hm^{-2}）=单位产品价格（元·kg^{-1}）×产品产量（kg·hm^{-2}）–生产成本（元·hm^{-2}）；产品价格由当地物价部门提供

3. 小麦、玉米和花生当季及全年光能利用率比较

在两熟制栽培中，不同种植方式前茬小麦光能利用率高低与产量一致。畦田麦套种和大小行套种两种方式较高，二者光能利用率≥1.3%，而大垄宽幅麦小麦光能利用率不足 1%。后茬花生则不然，尽管大垄宽幅麦套种花生的产量明显高于夏直播花生，但夏直播花生的光能利用率却高于大垄宽幅麦套种 0.08 个百分点。这与大垄宽幅麦套种花生与小麦共生期较长，小麦对花生生育影响较大有关。玉米也有相似的趋势，但玉米的光能利用率明显高于花生，当季光能利用率均在 2.3%以上。

全年作物光能利用率，不同种植方式依次为：$M_2 \approx M_4 > M_1 > M_3$，即小麦玉米两熟全年光能利用率最高，均在 1.7%以上；大垄宽幅麦套种花生居中，约为1.3%；畦田麦夏直播花生两熟全年光能利用率最低，不足 1%（表 2-10）。

表 2-10　小麦、玉米和花生当季及全年光能利用率　（%）

种植方式	小麦	花生	玉米	全年
大垄宽幅麦套种花生 M_1	0.95	1.23	/	1.31
小麦大小行套种玉米 M_2	1.30	/	2.3	1.75
畦田麦夏直播花生 M_3	1.36	1.31	/	0.94
畦田麦夏直播玉米 M_4	/	/	2.49	1.74

4. 不同种植方式后效作用

1996 年秋作物收获后，原区按畦田麦方式种小麦，10 月 5 日播种，品种、施肥、田间管理等同上年度，6 月 19 日收获，产量结果见表 2-11。由表可知，不同种植方式次年小麦产量存在较大差异，花生茬明显好于玉米茬。

表 2-11 不同种植方式后效作用

种植方式	小麦产量（kg·hm^{-2}）
大垄宽幅麦套种花生 M$_1$	8020.5a
小麦大小行套种玉米 M$_2$	7 669.5b
畦田麦夏直播花生 M$_3$	7 953.0a
畦田麦夏直播玉米 M$_4$	7 765.5b

5. 不同种植方式综合评判

在小麦玉米两熟制栽培中，畦田麦小麦产量略高于大小行种植方式，但前者玉米产量低于后者，两种方式全年混合产量及效益均相差无几，在生产上可根据当地种植习惯，任选一种方式。在小麦花生两熟制栽培中，畦田麦小麦产量明显高于大垄宽幅麦，后者产量不足前者的 3/4，但后者花生产量明显高于前者，全年混合产量相差不大，但大垄宽幅麦套种的经济效益明显高于畦田麦夏直播花生，二者年公顷效益相差 2000 元以上。因此，在鲁东地区，小麦花生两熟栽培选用大垄宽幅麦套种方式，经济效益更高。

作物单季光能利用率玉米最高，达 2.3%～2.49%。小麦光能利用率，因产量水平不同而异，公顷产量在 7100 kg 以上，光能利用率可达到 1.3%。而产量在 5000 kg 左右的，光能利用率不足 1%。花生光能利用率与种植方式有很大关系，夏直播花生虽然产量低于大垄宽幅麦套种，但由于其生育期短，光能利用率高于套种。从全年光能利用率看，小麦玉米两熟高于小麦花生两熟。小麦与花生轮作，可明显提高小麦产量，在小麦全蚀病蔓延的地区，增产更为明显。因此，实行小麦玉米与小麦花生轮作，不仅有利于解除花生连作障碍，同时也有利于小麦生产。

三、玉米花生不同间作方式综合评价

1. 作物产量

孟维伟等（2016）研究表明，不同间作方式比较，3 行玉米间作 3 行花生（M3P3）、间作 4 行花生（M3P4）的方式玉米产量高，两种方式玉米产量无显著差异，但显著高于 2 行玉米间作 3 行花生（M2P3）、间作 4 行花生的（M2P4）方式。间作花生产量以 M2P4 最高，M3P3 最低；相同花生行数以 2 行玉米间作产量较高。不同玉米花生间作方式系统总产量以 M3P4 最高，除了 M2P4 系统总产量低于玉米单作产量外，其他间作方式系统产量均略高于玉米单作产量或与之持平。4 种间作方式的土地当量比均大于 1，以 M3P4 方式的最大（表 2-12）。

表 2-12　不同玉米花生间作方式的产量（孟维伟等，2016）（单位：kg·hm^{-2}）

处理	2014 年产量			2013 年产量		
	玉米	花生	合计	玉米	花生	合计
SM	1 000.0a	/	10 000.0ab	8 304.0a	/	8 304.0a
SP	/	4 795.5a	4 795.5c	/	4 206.0a	4 206.0c
M2P3	8 341.5c	1 653.0c	9 994.5ab	6 690.0c	1 338.0bc	8 028.0ab
M2P4	7 417.5d	1 849.5b	9 267.0b	6 139.5d	1 455.0b	7 594.5b
M3P3	9 088.5b	1 215.0d	10 303.5a	7 294.5b	1 048.5d	8 343.0a
M3P4	8 866.5b	1 566.0c	10 432.5a	7 159.5b	1 207.5c	8 367.0a

注：SM 单作玉米，SP 单作花生，M2P3、M2P4、M3P3 和 M3P4 分别代表玉米花生行比为 2∶3、2∶4、3∶3、3∶4

2. 土地当量比

土地当量比指同一农田中两种或两种以上作物间混作时的效益与各个作物单作时的效益之比率。4 种间作方式的土地当量比均大于 1，表现出明显的间作优势和土地利用效率；其中以 M3P4 的最大（图 2-3）。

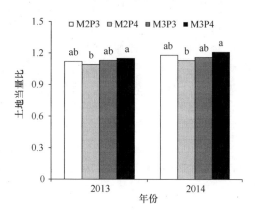

图 2-3　不同玉米花生间作方式土地当量比（孟维伟等，2016）
M2P3、M2P4、M3P3 和 M3P4 分别代表玉米花生行比为 2∶3、2∶4、3∶3、3∶4

周苏玫等（1998）研究表明，玉米花生行比 2∶6 的群体产量最高，这是由于 2∶6 型的行比中，玉米生理生态效应的综合优势得到较充分发挥，花生的低位劣势也相对改善，而且保证了玉米种植密度，发挥了玉米高产潜能，因而表现出群体总产量最高。若继续增加行比，具有高产潜力的玉米密度减少，因此群体总产量又有所降低。从产量效益来讲，处理 T4（2∶6 型）是较为理想组合。

3. 经济效益分析

研究表明，玉米花生间作处理的产值均比单作玉米高。与单作花生比较，效益最好的处理是玉米花生行比 2∶6 和 2∶8 方式，从产投比来看，随着行比的增加，产投比越来越高，但这种变化受市场价格左右很大，因此从投资效益来讲，适当方式间作种植效益较为稳定（周苏玫等，1998）。

第三章　粮油多熟制花生生理生态特征

与一年一季春花生相比，粮油多熟制栽培条件下花生生育环境发生了较大变化，对花生生育产生一定影响。了解两熟制花生生理生态特征和生育特性，对制定高产栽培措施有一定指导意义。

第一节　大垄宽幅麦套种花生生理生态特征

2005～2007 年，测定了大垄宽幅麦套种（intercropped peanut with wheat，IP）小麦花生共生期间田间小气候、土壤物理状况及花生生育特点，并与春播纯作花生（pure grown peanut，PP）进行了比较。小麦花生共生期 40～45 天。套种和春播纯作同期播种，同期收获。

一、生态特征

1. 光照

光既是花生生长发育和产量形成的能量来源，同时也是影响麦套花生生育和决定套种时期最主要的因素之一。小麦花生共生期间，无论是地表还是花生冠层顶部，麦套田的光强均小于纯作田。麦收前 21 天测定，麦套田地表光强仅为纯作田的 56.6%，随生育进程的推进，小麦叶片自下而上逐渐枯黄，差异逐渐减小，麦收时光强增至纯作田的 82.8%；花生冠层顶部，麦收前 21 天光强为纯作田的73.5%，随花生高度的增加，小麦对花生的遮荫强度逐渐减少，麦收时光照强度达到纯作田的 78.5%（图 3-1）。从光强的日变化过程看，麦套田的地表和冠层顶部光强均明显低于纯作田，地表（除 11:00 外）光强为纯作田的 50%左右，冠层顶部光强为纯作田的 75%左右（图 3-2）。

2. 温度

麦套田 10 cm 地温平均值高于纯作田，而冠层顶部平均温度则低于纯作田（图 3-3）。从温度的日变化来看，麦套田 10 cm 地温在 11:00 以前升高速度高于纯作田，在 14:00 左右两种种植方式地温达到一日内的高峰，麦套田的高峰可以持续到 17:00，而纯作田 14:00 之后逐渐下降。这可能与小麦行间通风状况较差、热量散发慢有关；麦套田花生冠层顶部温度在 14:00 时明显低于纯作田，可能是 14:00 时受小麦遮荫影响，阳光直射不到花生冠层（图 3-4）。

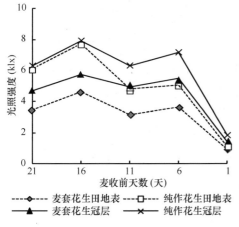

图 3-1　小麦花生共生期间光照强度变化

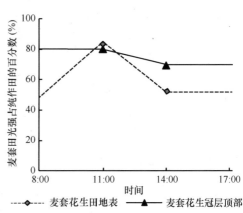

图 3-2　麦套田地表和冠层顶部不同时刻
光照强度日变化

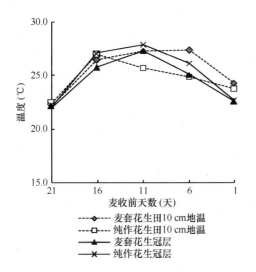

图 3-3　小麦花生共生期间温度变化

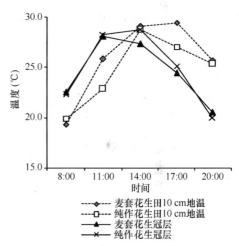

图 3-4　小麦花生共生期间田间温度日变化

3. 土壤物理特性

不同种植方式对土壤物理性质有一定影响。麦套田 2～9 cm 和 16～23 cm 土层的土壤容重分别比纯作田高 13.0% 和 1.2%，30～37 cm 土层的差异不大。花生苗期麦套田各层土壤含水量均低于纯作田，在 16～23 cm 土层的土壤含水量最低，仅为纯作田的 65%，其次是 2～9 cm 土层，30～37 cm 土层含水量较高，但也仅为纯作田的 75.2%。造成土壤水分差异的原因主要是小麦花生共生期正值小麦灌浆期，作物蒸腾作用强，导致耕层土壤失水较多（表 3-1）。

表 3-1　不同种植方式下花生苗期土壤物理性质（小麦收获前 20 天）

土层深度（cm）	种植方式	容重（g·cm⁻³）	含水量（%）	总孔隙度（%）
2~9	麦套花生	1.327±0.021	8.8±1.1	50.0±0.8
	纯作花生	1.155±0.042	9.0±0.2	56.4±1.7
16~23	麦套花生	1.325±0.001	7.8±1.4	50.0±0.03
	纯作花生	1.309±0.025	12.0±0.4	50.6±0.9
30~37	麦套花生	1.413±0.003	9.7±0.8	46.7±0.5
	纯作花生	1.423±0.005	12.9±0.6	46.3±0.4

二、生理特点

1. 碳素代谢特点

（1）叶、根淀粉含量

随生育期的推进，麦套和纯作花生叶片淀粉含量均呈单峰曲线，所不同的是麦套花生高峰出现在播后 65 天（花针期），较纯作花生提前 10 天；除峰值期外，麦套花生各时期淀粉含量均小于纯作，全生育期麦套花生叶片淀粉平均含量为 1.88%，比纯作少 0.55 个百分点。根系淀粉含量变化与叶片不同，全生育期总体表现平稳，在生育中期麦套明显高于纯作，麦套花生全生育期根系淀粉平均含量 0.55%，比纯作高 0.17 个百分点（图 3-5）。

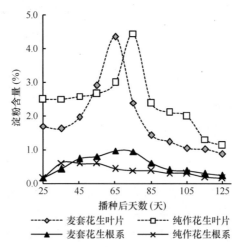

图 3-5　不同种植方式花生叶、根淀粉含量变化

（2）叶、根可溶性糖含量

麦套与纯作花生叶片可溶性糖含量均在生育中期较高，所不同的是苗期（播

种后 35 天）和花针期（播后 65 天）麦套花生叶片可溶性糖含量明显小于纯作，高峰期较纯作晚 10 天左右，且小于纯作，后期二者差异不明显，整个生育期平均值分别为 1.30%、1.37%，无显著差异。根系可溶性糖含量变化趋势基本与叶片相似，但高峰期比叶片出现早、持续时间长，且麦套花生的含量显著高于纯作（|t|=4.658**），全生育期麦套平均含量为 1.28%（图 3-6）。

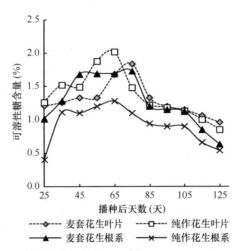

图 3-6 不同种植方式花生叶、根可溶性糖含量变化

（3）叶、根蔗糖合酶活性

蔗糖合酶（sucrose synthase，SS）催化的反应是可逆的，当蔗糖合酶分解活性大于蔗糖合酶合成活性时，蔗糖分解，用于形成大量同化器官建成所需的基础物质（二磷酸尿苷（UDP）与果糖），相反则有利于蔗糖的合成，一般情况下蔗糖合酶主要是将输入到籽仁中的蔗糖降解为尿甘二磷酸葡萄糖（UDPG）去合成淀粉等碳水化合物。

麦套花生叶片前期蔗糖合酶活性上升较慢，峰值出现迟，约在播后 85 天，比纯作花生晚 1 个月左右，但后期下降速率明显比纯作慢。麦套花生根系蔗糖合酶活性，生育前期低于纯作，而生育后期明显高于纯作（图 3-7）。

（4）叶片磷酸蔗糖合酶活性

磷酸蔗糖合酶（SPS）控制蔗糖合成，保障叶绿体光合碳代谢、蔗糖输出、淀粉积累的平衡。在碳氮代谢调节中通过调节蔗糖合成而起关键性作用。

麦套和纯作花生叶片磷酸蔗糖合酶活性在苗期较低，开花期（播种后 45 天）迅速增加，在花针期（播后 65 天）达到高峰，之后逐渐下降，所不同的是，麦套前期活性升高慢，高峰约出现在播后 65 天，明显晚于纯作，但后期下降也慢，收获前比纯作高 20.5%（图 3-8）。

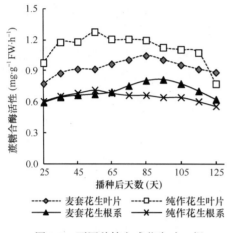

图 3-7 不同种植方式花生叶、根
蔗糖合酶活性

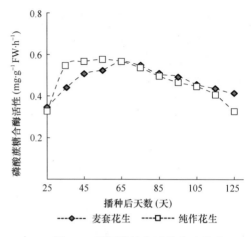

图 3-8 不同种植方式花生叶磷酸
蔗糖合酶活性

（5）叶、根可溶性淀粉合酶活性

淀粉合酶有两种形式：一种位于淀粉体的可溶部分，称可溶性淀粉合酶（soluble starch synthase，SSS）；另一种是与淀粉粒结合的，称结合态淀粉合酶（granule bound starch synthase，GBSS）。由淀粉合酶催化形成的淀粉都是以 α-1,4-糖苷键连接的线性分子，它可进一步在分支酶作用下形成以 α-1,6-糖苷键连接的支链淀粉。可溶性淀粉合酶主要存在于质体基质内，通过将二磷酸腺苷葡萄糖的葡萄糖基转移到 a-1,4-葡萄糖链的非还原性末端，从而催化支链淀粉的合成。

麦套与纯作花生叶片可溶性淀粉合酶活性均为单峰曲线，高峰期均出现在花针期（播种后 65 天），但结荚期（播种后 80 天）麦套明显低于纯作，临近收获时二者相近。根系中可溶性淀粉合酶活性变化呈平拱形，麦套花生的含量始终高于纯作，差异极显著（$|t|$=4.897[**]）（图 3-9）。

（6）叶片 1,5-二磷酸核酮糖羧化酶活性

1,5-二磷酸核酮糖（RuBP）羧化酶具有双重功能，既能使 RuBP 与 CO_2 起羧化反应，推动 C_3 碳循环，又能使 RuBP 与 O_2 起加氧反应而引起 C_2 氧化循环即光呼吸。因此 RuBP 羧化酶在花生碳同化暗反应中起重要作用。

麦套与纯作花生叶片 RuBP 羧化酶活性均苗期较高，随后逐渐下降，花针末期开始回升，在结荚中期出现 1 个小峰之后，又逐渐下降。麦套花生叶片 RuBP 羧化酶活性明显高于纯作，播种后 80 天之前平均活性为后者的 2.26 倍；RuBP 羧化酶活性峰值出现在结荚期，麦套较纯作低，且迟于后者 10 天左右，饱果期均持续下降，但麦套的活性要高于纯作（图 3-10）。

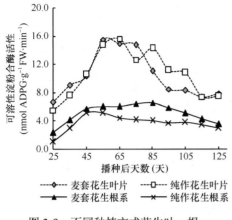

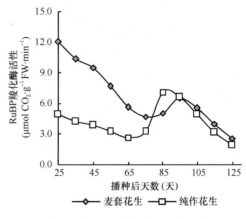

图 3-9 不同种植方式花生叶、根
可溶性淀粉合酶活性

图 3-10 不同种植方式花生叶片
RuBP 羧化酶活性

2. 氮素代谢特点

（1）叶、根游离氨基酸含量

氨基酸是蛋白质合成和降解的基本单位。由图 3-11 可知，叶片中游离氨基酸含量苗期最高，随后下降，播后 65～75 天出现 1 个小峰，麦套较纯作迟 10 天左右，随后继续下降。生育前期麦套花生叶片游离氨基酸含量低于纯作，生育后期麦套花生明显高于纯作花生，差异达极显著水平（$|t|$=5.076[**]）。麦套和纯作花生根系中游离氨基酸含量变化趋势相似，但差异没有叶片中的明显，麦套花生在花针期和饱果期含量高于纯作花生。

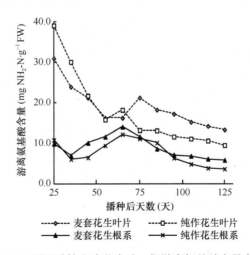

图 3-11 不同种植方式花生叶、根游离氨基酸含量变化

（2）叶、根可溶性蛋白含量

可溶性蛋白是植物体内氮存在的主要形式，其含量的多少与植物体代谢和衰老关系密切。麦套花生叶片可溶性蛋白含量在播后 85 天左右达到高峰，较纯作花生迟 20 天左右，之后二者迅速下降，进入饱果期后基本趋于稳定，维持在 4.50 mg·g^{-1} FW 左右，整个生育期麦套花生叶片可溶性蛋白含量显著低于纯作花生（$|t|$ = 2.675*）。麦套花生根系中可溶性蛋白质含量高峰期出现在饱果期，晚于纯作花生，含量高于纯作，二者整个生育期差异极显著（$|t|$ =4.809**）（图 3-12）。

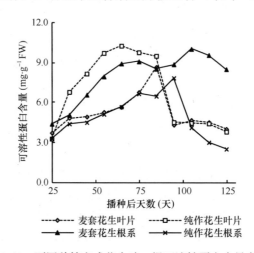

图 3-12 不同种植方式花生叶、根可溶性蛋白含量变化

（3）叶、根硝酸还原酶活性

硝态氮是植物吸收氮的主要形式，其同化的第一步由硝酸还原酶催化。硝酸还原酶（nitrate reductase，NR）活性的高低控制着整个同化过程，其强弱在一定程度上反映了蛋白质合成和氮代谢活性。麦套和纯作花生叶片（$|t|$ =1.354*）及根系（$|t|$ =1.550*）硝酸还原酶活性随生育进程推进均呈下降趋势。麦套花生与小麦共生期间，叶和根的硝酸还原酶活性均低于纯作花生，麦收后硝酸还原酶活性高于纯作花生，花针期比纯作叶和根的硝酸还原酶活性分别高出 19.0%和 22.2%，结荚和饱果期均保持较高水平，收获时高出纯作花生 28.5%和 22.1%（图 3-13）。

（4）叶、根谷氨酰胺合酶活性

谷氨酰胺合酶（glutamate synthase，GS）是参与氮代谢的多功能酶，处于氮代谢中心，其活性高低影响着部分糖代谢和其他多种氮代谢酶。由图 3-14 知，麦套和纯作花生叶片谷氨酰胺合酶活性变化均呈现先升后降趋势，所不同的是麦套

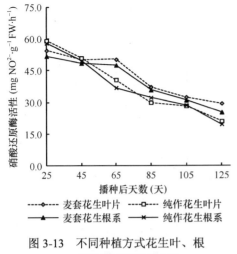

图 3-13 不同种植方式花生叶、根
硝酸还原酶活性变化

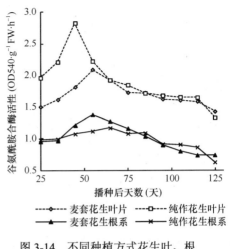

图 3-14 不同种植方式花生叶、根
谷氨酰胺合酶活性变化

花生生育前期活性明显低于纯作，且峰值出现晚，进入结荚期后两种种植方式差异不明显。根系中谷氨酰胺合酶活性均呈现低—高—低的趋势，峰值均出现在花针期，但麦套早于纯作，与叶片不同的是，麦套花生根系中谷氨酰胺合酶活性在多数时期高于纯作，其中峰值比纯作高 18.2%，收获时比纯作高 15.4%。

（5）叶、根谷氨酸脱氢酶活性

谷氨酸脱氢酶（glutamate dehydrogenase，GDH）一般参与氨基酸降解过程的氧化脱氨作用，在作物衰老和环境胁迫时，谷氨酸脱氢酶在氨的再同化中起重要作用，尤其是在作物果实发育后期对于催化合成谷氨酸具有重要作用。由图 3-15 可知，麦套和纯作花生叶片谷氨酸脱氢酶活性变化为先升后降趋势，麦收前由于小麦的影响，麦套的酶活性小于后者，峰值出现晚于后者 10 天左右，且比后者小 13.8%。根系谷氨酸脱氢酶活性，麦套花生高峰期出现在花针期，纯作出现在结荚末期，麦套比纯作约早一个月，结荚期酶活性明显小于纯作。

（6）叶、根谷丙转氨酶活性

谷丙转氨酶是最重要的转氨酶之一，催化谷氨酸与丙酮酸之间的转氨基和酮基作用，既是多种氨基酸分解代谢的起步过程，又是某些非必需氨基酸合成的途径。麦套花生叶片谷丙转氨酶活性随生育期的推进而降低，纯作花生叶片谷丙转氨酶先升高后降低。麦套花生谷丙转氨酶活性在播种后 50 天内活性低于纯作，之后高于纯作。根系中谷丙转氨酶活性两种种植方式规律相似，全生育期稳中有降，整个生育期麦套花生的谷丙转氨酶活性一直高于纯作，差异极显著（ $|t|$ =6.464[**]）（图 3-16）。

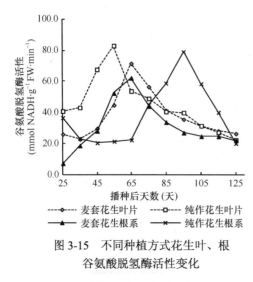

图 3-15　不同种植方式花生叶、根谷氨酸脱氢酶活性变化

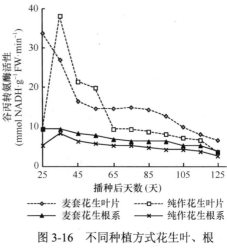

图 3-16　不同种植方式花生叶、根谷丙转氨酶活性变化

3. 活性氧代谢特点

（1）叶、根超氧化物歧化酶活性

超氧化物歧化酶、过氧化物酶、过氧化氢酶是花生体内主要的保护酶，与植物体衰老有直接关系。麦套花生叶片超氧化物歧化酶活性生育前期和后期较高，中期略有下降，麦套花生在生育后期叶片超氧化物歧化酶仍维持较高活力，与其晚发特征有关。纯作花生叶片超氧化物歧化酶活性生育前期比较平稳，结荚后期急剧下降，饱果期一直维持较低水平。麦套和纯作花生根系超氧化物歧化酶活性明显高于叶片。麦套花生根系超氧化物歧化酶活性，总体趋势为先升后降，结荚期达到高峰，高峰期维持 1 个月左右，之后含量略有下降，高峰期过后麦套花生根系超氧化物歧化酶活性下降幅度明显小于纯作花生（图 3-17）。此结果与叶片中超氧化物歧化酶活性变化趋势一致，说明麦套花生进入饱果期后叶片和根系衰老缓慢。

（2）叶、根过氧化物酶活性

麦套和纯作花生叶片中过氧化物酶活性变化趋势较为接近，饱果期之前均表现为平稳上升，进入饱果期后麦套花生叶片酶活性略有下降，而纯作花生叶片酶活性基本保持稳定（图 3-18）。

根系中过氧化物酶活性变化趋势为先升后降，与超氧化物歧化酶有一定差别。麦套花生苗期根系过氧化物酶活性高于纯作花生，进入结荚期后麦套花生 10～40 天和纯作花生 20～40 天根系过氧化物酶活性为高峰期。进入饱果期后两种种植方式根系过氧化物酶活性均开始下降，但下降速率不同，麦套明显低于纯作。前者日平均下降 1.75 U·g^{-1}FW·min^{-1}，后者 2.33 U·g^{-1}FW·min^{-1}，收获时麦套花生根系过氧化物酶活性比纯作高 25.0%，但整个生育期二者差异不显著（｜t｜=1.509）（图 3-18）。

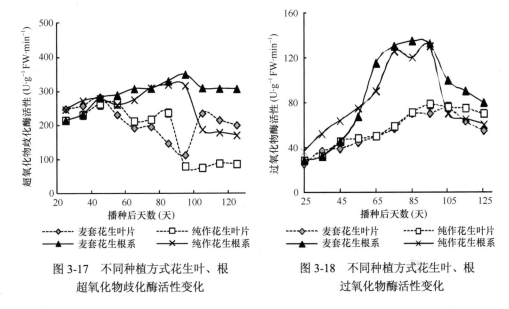

图 3-17 不同种植方式花生叶、根
超氧化物歧化酶活性变化

图 3-18 不同种植方式花生叶、根
过氧化物酶活性变化

（3）叶、根过氧化氢酶活性

麦套花生叶片过氧化氢酶活性呈先升后降趋势，高峰出现在结荚中期，比纯作晚 10 天左右，之后开始下降，收获前略高于纯作，整个生育期与纯作花生差异不显著（｜t｜=1.214）。由图 3-19 可知，麦套花生根系中过氧化氢酶活性均呈先升后降趋势，播后 85 天之前持续上升，至结荚中后期（结荚后 30 天左右）达到高峰，之后逐渐下降，日平均下降 2.9 U·g^{-1} FW·min^{-1}；纯作花生根系过氧化氢酶活性变化趋势总体上与麦套花生相似，但纯作花生高峰值比麦套低 20.0%，高峰期过后下降较快，收获前仅为麦套花生的 44.2%，与麦套花生差异极显著（｜t｜=4.784**）。

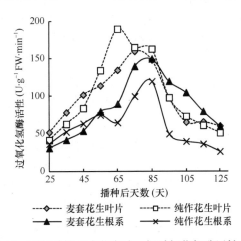

图 3-19 不同种植方式花生叶、根过氧化氢酶活性变化

（4）叶、根丙二醛含量

麦套与纯作花生叶片丙二醛含量随生育进程的推进均呈现缓慢上升趋势，生育前期二者差异不大，临近成熟时，麦套花生叶片丙二醛含量增加幅度低于纯作花生。根系中麦套与纯作花生两种种植方式丙二醛含量随生育进程的推进上升幅度明显高于叶片，生育前期麦套花生根系中丙二醛高于纯作，生育后期低于纯作。表明麦套花生叶、根衰老迟于纯作（图3-20）。

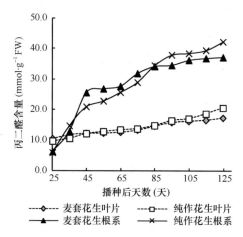

图 3-20　不同种植方式花生叶、根丙二醛含量变化

4. 主要营养元素吸收与分配

（1）各器官全氮含量

氮是植物体主要营养元素之一，其含量的多少影响着植株正常生理代谢。麦套和纯作花生叶片含氮量随生育期的推进呈下降趋势，纯作花生生育后期下降快，收获时含量低于麦套花生，整个生育期纯作叶片含氮量高出麦套14.6%，差异极显著（$|t|$ =8.502[**]）。根系含氮量二者差异不显著（$|t|$ =0.248），但苗期二者差别较大，麦套高出纯作14.5%，之后二者差别缩小，饱果期含氮量略高于纯作花生（图3-21）。

麦套与纯作花生茎枝中含氮量随生育期的推进呈下降趋势，麦套花生茎枝含氮量生育前期低于纯作。两种种植方式果针含氮量差异不明显，麦套花生在果针形成初期呈上升趋势，3 周后达到高峰，之后下降，纯作则一直呈下降趋势，收获时麦套明显高于纯作（图3-22）。

麦套与纯作花生籽仁含氮量随荚果发育一直呈上升趋势，两种种植方式差异不明显，麦套花生籽仁含氮量在发育初期和成熟时高于纯作，发育中期相差不大。两种种植方式果壳含氮量一直呈下降趋势，且二者差异明显，在 115 天之前麦套明显低于纯作，收获时略高于纯作（图3-23）。

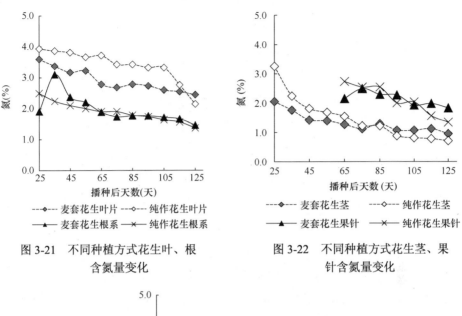

图 3-21 不同种植方式花生叶、根
含氮量变化

图 3-22 不同种植方式花生茎、果
针含氮量变化

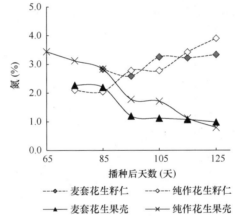

图 3-23 不同种植方式花生籽仁、果壳含氮量变化

（2）叶、根磷含量

麦套与纯作花生叶片含磷量变化有所不同，麦套花生苗期稳中有升，明显高于纯作，之后迅速下降，结荚期和饱果期稳中有降，收获时纯作叶片含磷量高于麦套。根系中两种种植方式磷含量变化趋势基本相同，饱果期之前均呈现下降趋势，饱果后期略有上升，但保持平稳；苗期麦套叶片含磷量明显高于纯作，花针期和结荚期则低于纯作，饱果后期又高于纯作（图3-24）。

（3）叶、根钾含量

麦套和纯作花生全生育期叶片含钾量均呈"M"形变化，谷出现在花针期，两峰出现在苗期和饱果期，后一个峰值麦套较纯作晚10天，整个生育期麦套明显高于

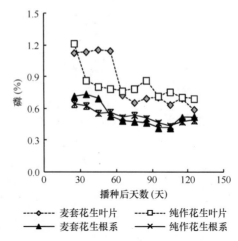

图 3-24　不同种植方式花生叶、根含磷量变化

纯作。两种种植方式花生根系中钾含量均呈 "V" 形变化，低谷出现在结荚期，麦套晚于纯作，整个生育期麦套明显高于纯作，差异极显著（｜t｜=3.611**）（图 3-25）。出现上述现象的原因，可能是 7、8 月雨水多、温度高，花生生长旺盛，叶、根中钾浓度相对减小有关。

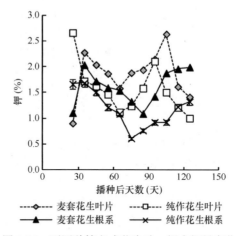

图 3-25　不同种植方式花生叶、根含钾量变化

5. 根系及根瘤菌活性

（1）根系活力

花生根系活力变化与整个植株衰老密切相关。麦套与纯作花生整个生育期间根系活力呈单峰曲线。麦套花生苗期由于受到小麦影响，根系活力一直处于较低水平，进入花针期后迅速上升，到花针末期达到高峰，比纯作高峰期推迟 2 周左

右，之后活力开始下降，进入饱果期后趋于稳定，但在生育的后半程麦套花生的根系活力始终高于纯作花生。与麦套花生相比，纯作花生根系活力生育前期上升快，峰值高，后期下降快，收获时仅为麦套花生的 16.1%（图 3-26）。经 t 检验（｜t｜=2.971*），麦套与纯作花生整个生育期根系活力差异显著。

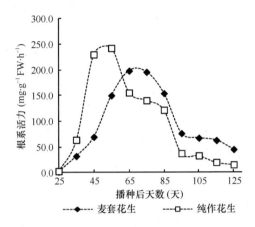

图 3-26　不同种植方式花生根系活力变化

（2）根瘤重量

根瘤重量是反映花生根瘤发育好坏的重要指标之一，对花生的固氮能力有直接影响。由图 3-27 可以看出，麦套和纯作花生单株根瘤重量在整个产量形成期（结荚期+饱果期）呈单峰曲线，结荚期初期（约播种后 55 天）逐渐增加，至结荚末期（约播种后 95 天，下同）重量达到最大，之后随着根瘤的不断老化和解体重量开始下降。两种种植方式主要差别在于：①麦套花生根瘤重量始终高于纯作，整个产量形成期单株根瘤重平均 0.51 g，是纯作花生的 1.8 倍；②纯作花生根瘤重量变化大，即结荚前中期根瘤重量增加快，平均口增重是麦套花生的 1.37 倍，高峰过后重量下降快。麦套花生根瘤重量一直保持较高水平，生育后期虽有下降，但速度缓慢（图 3-27）。这可能因为前茬小麦对土壤氮吸收较多，土壤中氮不足，花生更多地通过根瘤固氮来满足自身对氮素的需求。

（3）固氮酶活性

如果说根瘤重量反映了花生根瘤的数量，那么固氮酶活性则反映了花生根瘤的质量。固氮酶活性直接影响花生固氮效率。麦套和纯作花生根瘤固氮酶活性变化规律与根瘤重量相似，即从播种后 55 天开始呈上升态势，至播种后 95 天达到高峰，之后开始下降至收获。麦套花生固氮酶活性峰值高，比纯作花生高 40.9%。高峰期过后，固氮酶活性也始终高于纯作花生（图 3-28）。

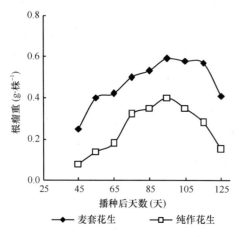

图 3-27 不同种植方式花生根瘤重量变化

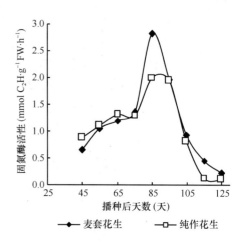

图 3-28 不同种植方式花生固氮酶活性变化

三、生育特性

大垄宽幅麦套种花生由于加宽了套种行，花生套期提前，全生育期增加到 135～160 天，相当于中、晚熟春播花生的生育期。生育特点为前期因小麦影响而发育迟缓，中期出现补偿性生长，后期衰老慢，整个生育期推后。下面是单产 5250～6000 kg·hm^{-2} 麦套花生的生育特点。

1. 茎枝叶片生长速度

播种后 15～20 天出苗，出苗后 30～32 天始花，始花后 8～10 天收麦。花生自出苗至麦收前的 40 天生长缓慢；始花后 30 天茎枝和叶片生长加速，40 天锐增达到高峰，主茎和侧枝日增长量分别为 0.8～0.9 cm 和 0.9～1.0 cm，累积量分别为 20～22 cm 和 22～23 cm，主茎叶片和单株叶片日增长量分别为 0.25～0.3 片和 2.4～2.6 片，累积量分别为 12～12.8 片和 60～65 片；始花后 50 天生长速率下降，60 天后生长平缓；始花后 100 天茎枝和单株叶片生长停滞，主茎高和侧枝长的累积量分别为 30～33 cm 和 34～35 cm，主茎叶片和单株叶片累积量分别为 15～17 片和 100～110 片。

2. 开花规律

由图 3-29 可知，麦套花生与纯作花生的开花规律明显不同。麦套花生花期长，开花时间分散，持续 45 天左右，开花数平均为 1.24 朵·株$^{-1}$·天$^{-1}$，较纯作花生 1.86 朵·株$^{-1}$·天$^{-1}$ 少 33.3%，开花盛期集中在播后 65 天前后；纯作花生花期短，约持续 35 天左右，开花时间较为集中，播后 55 天左右进入盛花期，开花数明显多于麦套花生。

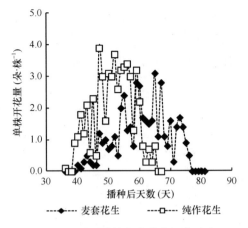

图 3-29　不同种植方式花生开花动态

3. 叶面积指数消长

与纯作花生相比，麦套花生生育前期叶面积指数（leaf area index，LAI）增长缓慢，峰值出现晚，峰值低且持续时间短，但生育后期下降慢，收获时仍维持较高水平。麦套花生叶面积指数峰值约出现在播种后 100 天，比纯作迟 2 周左右，其峰值为 4.1～4.2，比纯作花生低 0.1～0.7，高峰期持续 10～15 天，比纯作短10 天左右，收获时叶面积指数在 2.8 左右，比纯作高 49.7%（图 3-30）。

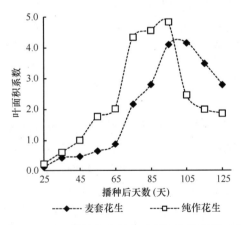

图 3-30　不同种植方式花生叶面积指数消长动态

4. 干物质积累与分配

麦套和纯作花生植株总干物质积累动态均可用 Logistic 曲线拟合，收获时麦套花生干物质积累为 925.3 g·m^{-2}，比纯作花生低 1.23%。经 t 检验全生育期两种种植方式干物质积累量差异极显著。麦套花生生育前期的作物生长速率较慢，峰值出现较晚，峰值较高，播种后 90 天以前生长速率一直低于纯作花生，90 天以后超过纯作花生，100 天左右达到峰值，较纯作迟 20 天左右。麦套花生最大生长速率达 22.8 g·m⁻²·天⁻¹，比纯作花生高 24.6%，高峰过后开始下降，但收获时仍高于纯作花生，是纯作花生的 3.1 倍（图 3-31）。

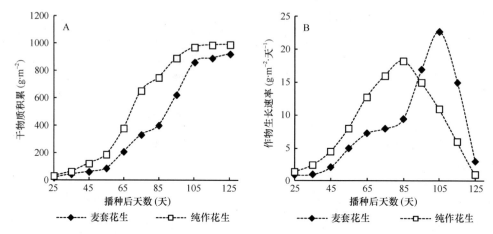

图 3-31　不同种植方式花生干物质积累（A）和作物生长速率（B）变化

　　两种种植方式不同，干物质在各器官的分配随生长重心的转移而变化。在幼果刚出现时干物质主要分配在茎叶中；进入结荚期，个体生长较为迅速，并且开始向生殖生长转移，这是生殖生长和营养生长的共生期，麦套花生生殖生长较纯作晚，营养体生长期较长，生长后期向荚果转移同化物比纯作稍迟，收获时荚果产量比纯作少（表 3-2）。

5. 净同化率和光合势

　　由图 3-32 可知，两种种植方式花生净同化率（net assimilation rate，NAR）随生育进程的推进呈下降趋势，其中纯作花生下降比较平稳，而麦套花生约在播后 60 天和 100 天出现了两个峰值，第一个峰值出现时间为麦套花生麦收后的恢复期，第二个峰值出现时间为麦套花生干物质积累的盛期。

　　由图 3-33 可知，两种种植方式光合势存在较大差异。从全生育期总量看，麦套花生光合势为 230.2 m²·天·m⁻²，比纯作少 11.9%，麦套花生光合势苗期、花针期和结荚期的光合势均明显低于纯作，但饱果期高于纯作，达 70.0 m²·天·m⁻²，比纯作高 75.0%。产量形成期（结荚期+饱果期）麦套花生光合势占全生育期的 84.1%，而纯作花生光合势占全生育期的 71.1%，表明麦套花生产量形成期的光合势对产量形成的作用比纯作更为重要。

表 3-2　麦套和纯作花生不同器官干物质累积（分配比例，%）

（单位：g·m⁻²）

器官	种植方式	播种后天数										
		25	35	45	55	65	75	85	95	105	115	125
根	麦套花生	5.1 (24.5)	6.2 (4.0)	10.5 (12.8)	21.9 (12.3)	22.8 (0.8)	24.3 (1.9)	24.6 (0.4)	28.5 (1.6)	30.0 (0.6)	24.9 (−15.3)	21.2 (−26.1)
	纯作花生	6.5 (20.4)	8.3 (5.2)	11.2 (5.0)	21.0 (6.2)	21.9 (1.0)	30.3 (12.6)	25.5 (−4.5)	23.7 (−1.1)	23.4 (−0.3)	21.6 (−9.7)	21.3 (−5.2)
茎	麦套花生	9.4 (45.4)	17.3 (28.6)	31 (40.8)	76.2 (42.6)	137.4 (52.2)	140.4 (3.8)	167.7 (35.8)	267.0 (40.2)	313.5 (17.5)	306.9 (−19.8)	302.4 (−31.7)
	纯作花生	12.1 (37.3)	22.1 (28.8)	50.7 (48.8)	158.4 (46.8)	182.4 (27.4)	261.9 (26.1)	319.5 (53.6)	346.5 (17.1)	351.3 (5.4)	315.9 (−190.3)	314.3 (−27.6)
叶	麦套花生	6.3 (31.7)	24.9 (67.4)	40.5 (46.4)	80.1 (44.9)	110.7 (26.1)	117.9 (9.2)	134.4 (21.7)	179.1 (18.1)	235.5 (21.2)	216.6 (−56.8)	206.5 (−71.1)
	纯作花生	13.4 (42.0)	36.2 (65.7)	63.3 (46.2)	144.3 (42.6)	162.9 (21.2)	192.0 (9.6)	207.9 (14.8)	209.7 (1.1)	214.2 (5.1)	209.1 (−27.4)	207.5 (−27.6)
果针	麦套花生				7.2 (2.1)	11.4 (9.7)	14.7 (4.2)	27.6 (16.9)	30.0 (1.0)	50.7 (7.8)	49.2 (−4.5)	48.1 (−7.7)
	纯作花生					20.4 (15.1)	22.5 (0.7)	22.8 (0.3)	29.7 (4.4)	24.0 (−6.4)	23.7 (−1.6)	23.5 (−3.4)
荚果	麦套花生				7.8 (2.3)	13.2 (11.3)	76.5 (80.8)	95.7 (25.2)	192.3 (39.1)	333.3 (53.0)	399.0 (197.3)	432.6 (236.6)
	纯作花生					38.7 (35.3)	223.5 (60.7)	262.2 (36.0)	385.8 (78.3)	471.0 (95.9)	532.8 (332.3)	541.3 (146.6)
总净增干重	麦套花生	20.8 (100)	27.6 (100)	33.6 (100)	96.0 (100)	117.3 (100)	78.3 (100)	76.2 (100)	246.9 (100)	266.1 (100)	33.3 (100)	14.2 (100)
	纯作花生	31.9 (100)	34.7 (100)	58.6 (100)	213.2 (100)	87.6 (100)	304.2 (100)	107.4 (100)	157.8 (100)	88.8 (100)	18.6 (100)	5.8 (100)

注：分配比例为各器官净干物质重占总净干重的百分比，各器官净干物质重=后一期的干物质重−前一期的干物质重

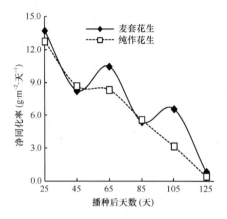
图 3-32　不同种植方式花生净同化率变化动态

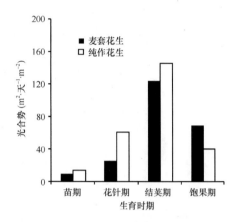
图 3-33　不同种植方式花生光合势变化动态

第二节　30 cm 等行麦套种花生生理生态特征

1993～1995 年，在宁阳开展了小麦花生两熟制产量双 7500 kg·hm^{-2} 高产攻关研究，种植方式为小麦 30 cm 等行距套种花生。三年共培创高产攻关田 4.67 hm^{2}，平均单产小麦产量 7635 kg·hm^{-2}，花生产量 7537.5 kg·hm^{-2}。下面是高产攻关田花生生育规律。

一、植株生育状况

30 cm 等行距套种花生的生长季节为 5 月中旬到 9 月底，历时 120～138 天。出苗期 8～10 天，苗期 28～30 天，花针期 17～20 天，结荚期 37～43 天，饱果期 30～35 天（表 3-3）。对于'鲁花 9'等早熟大果品种，麦套花生除出苗期比春播（覆膜）约缩短 1 周外，其余各生育时期（特别是产量形成期）所历时的天数无明显差别，只是生长季节推迟 25～30 天。因而生育后期温度低而不稳定往往是限制麦套花生产量的最主要因素之一。

表 3-3　麦套花生生育期、积温及主茎生长动态

项目	出苗期	苗期	花针期	结荚期	饱果期	产量形成期	全生育期
历时天数（天）	8～10	28～30	17～20	37～43	30～35	67～78	120～138
积温（℃）	200～250	720～775	430～565	1005～1187	700～805	1705～1992	3055～3582
主茎日增量（cm）	/	0.45～0.6	0.90～1.1	0.20～0.25	0～0.07	/	/
累积高度（cm）	/	14～18	32～40	40～48	40～50	/	/

苗期：麦套花生出苗后与小麦共生期 10 天左右。由于小麦遮荫的影响，幼苗发育细弱，侧枝发育受阻，但主茎高度并不受影响，甚至略高于纯作花生。至始花时，株高一般为 14～18 cm，平均日增量 0.45～0.60 cm，株型指数（侧枝长/主

茎高）＜1。主茎平均 4～5 天出 1 片复叶。

花针期：此期是地上部茎叶生长最快时期。主茎平均日增量达到 0.90～1.10 cm，累积高度占最终株高的 2/5 以上。侧枝生长加快，长度超过主茎。主茎平均 3～4 天出 1 片复叶，本期末株高可达到 32～40 cm，株型指数＞1。

结荚期：花生结荚后，地上部茎叶生长逐渐放慢，至本期末株高可达到 40～48 cm，在地上部营养生长趋缓的同时，生殖生长逐渐活跃起来，在结荚后的 10～20 天植株出现荚果，随后数量增加较快，至本期末，单株果数可占最终果数的 70%～85%，是增加单株果数的关键时期。

饱果期：该期内地上部营养生长基本停止，或仅有少量增加。植株叶片自下而上逐渐脱落，叶面积下降。光合产物主要用于充实地下荚果，而果针和荚果数目增加很少。因而此期是提高饱果率，增加果重的关键时期。收获时株高一般可达 40～50 cm，主茎叶片（节）数为 18～21。

二、叶面积指数及光合势

麦套花生苗期叶面积指数增长较慢，至始花时一般只有 0.8～1.1。花针期是叶面积指数增长最快的时期，平均日增量在 0.1 以上，至本期末叶面积指数可达 3.0～3.5。进入结荚期后，叶面积指数继续上升，约在结荚后期达到最大值，高产花生可达 4.8～5.5，相近或略高于同等产量水平下的春播花生。进入饱果期后，叶面积指数逐渐下降，收获时一般降至 1～1.5。整个生育期内叶面积指数≥3 的时间维持在 55 天以上。

全生育期的光合势一般均在 300 万 $m^2 \cdot$天$\cdot hm^{-2}$ 以上，相近或略高于同等产量水平下的春播花生。其中苗期 12 万～15 万 $m^2 \cdot$天$\cdot hm^{-2}$，花针期 35 万～43 万 $m^2 \cdot$天$\cdot hm^{-2}$，结荚期 185 万～192 万 $m^2 \cdot$天$\cdot hm^{-2}$，饱果期 85 万～92 万 $m^2 \cdot$天$\cdot hm^{-2}$，产量形成期的光合势占全生育期的 4/5 以上。

三、干物质积累动态

麦套花生荚果、生殖体及单株总干物质积累具有相似的规律，均符合 Logistic 生长曲线，营养体干物质积累过程符合 Logistic 二次修正式（图 3-34）。麦套花生出苗后，随幼苗光合能力的增强干物质不断积累。但由于苗株尚小，加之苗期小麦的影响，整个苗期干物质积累较低，一般仅占总生物量的 1/10 左右。苗期生长重心为营养体，此期的光合积累几乎全部用于幼苗的生根、发叶和增枝。

进入花针期以后，植株开始从苗期的"纯"营养生长逐步向营养生长和生殖生长并举的方向发展。全株光合日积累量上升较快，阶段干物质增量占总生物量的 35%～40%，其中用于营养器官建成的约占 90%。整个花针期干物质几乎呈线性增加，是茎叶生长最快的时期，累积量可占营养体最大值的 1/2 左右。

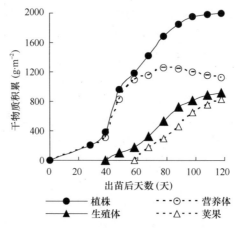

图 3-34　不同种植方式花生干物质积累动态

进入结荚期后，营养体干物质增长逐渐趋缓，约在结荚期末干重达最大值。荚果干物质积累自结荚中期开始加速，至结荚后期积累速度达到高峰，约有60%以上的产量在结荚期形成。与荚果相比，生殖体干物质积累除在起始时间上先于荚果、在积累量上略高于荚果外，其余特征相似。结荚期是花生营养生长和生殖生长并盛期，总生物产量积累高峰就出现在结荚中前期。此期群体光合积累量接近总生物量的1/2。在结荚前半期，光合产物向营养体和生殖体的分配比约为6:4，而后半期约为2:8。因此，此期又是植株生育中心由营养体向生殖体转移的过渡期。

进入饱果期后，植株整体生活力明显下降，加之冠层光合面积的不断减少，因而群体总光合积累量较低，居4个生育时期之末。茎叶中部分营养物质转移到地下参与生殖体（主要是荚果）的再分配，干重呈负增长。生育重心完全转移到生殖体上，主要表现在继续充实已形成的荚果，增加群体的饱果率。此期对产量形成的作用虽不及结荚期，但贡献率也在30%以上，因此生产上决不可放松花生的后期管理。

综上所述，花生苗期是以生根、发叶和增枝为主的营养生长时期，光合积累几乎全部用于建造营养器官。花针期植株的生长仍以营养体为主。结荚期是花生生育重心由营养体向生殖体过渡的时期。

四、群体生育指标

表 3-4 列出了麦套花生高产田产量构成因素、总生物产量，以及与干物质分配有关的参数实测值。与同等产量水平下的春花生相比，麦套花生产量构成三因素中的实收株数和千克果数明显高于春花生，而单株果数略低于或接近春花生。造成麦套花生千克果数增高的主要原因是饱果期所处的季节晚，温度低而不稳，荚果充实慢。千克果数增加（果重降低）给麦套花生造成的产量损失主要是通过增加群体密度来补偿的。

表 3-4　麦套花生 7500 kg·hm^{-2} 产量构成因素、总生物产量及其分配

品种	项目	产量 (kg·hm^{-2})	产量构成因素			干物质及其分配	
			实收株数 (万株·hm^{-2})	单株果数 (个)	千克果数 (个)	总生物量 (kg·hm^{-2})	经济系数
'海花 1' (n=7)	实测值	7 350～8 010	24.75～29.55	15.1～20.1	530～675	15 630～17 475	046～0.51
	平均值	7 740	29.121	16.8	612	16 425	0.48
	CV（%）	2.83	8.60	10.25	9.04	4.43	3.40
'鲁花 9' (n=5)	实测值	7 335～7 860	28.8～35.25	14.5～17.5	608～664	15 375～17 055	046～0.49
	平均值	7 680	31.11	16.5	648	16 350	0.48
	CV（%）	2.68	8.92	10.18	3.55	3.74	2.29
'79266' (n=4)	实测值	7 425～7 890	27.15～31.65	16.0～18.0	594～661	16 560～17 250	0.46～049
	平均值	7 665	29.37	16.9	637	16 740	0.47
	CV（%）	2.83	6.29	6.08	4.74	4.01	3.01

注：n 为测定田数

麦套花生 7500 kg·hm^{-2} 高产群体应达到下列指标。

1）株高 40～50 cm，不低于 35 cm，不超过 55 cm，株型指数＞1，主茎座生 17～21 片复叶。

2）最高叶面积指数为 5.0～5.5，不低于 4.5，不超过 6.0，叶面积指数≥3 的天数维持 55 天以上，全生育期光合势＞300 万 m^2·天·hm^{-2}。

3）实播穴数达 13.5 万～16.5 万穴·hm^{-2}（每穴 2 粒），不低于 12 万穴·hm^{-2}，不超过 18.75 万穴·hm^{-2}。出穴率 97% 以上，出苗率 95% 以上，实收株数 25.5 万～31.5 万株·hm^{-2}，不低于 24 万株·hm^{-2}。

4）在保证上述密度的同时，确保单株果数 15 个以上，千克果数 650 个以下，力争在 600 个以下。

5）总生物产量达 15 750～17 250 kg·hm^{-2}，不低于 15 000 kg·hm^{-2}。经济系数控制在 0.46～0.49，不低于 0.45，力争达到 0.5。营养体/生殖体比值稳定在 0.9～1.15，不高于 1.2。

第三节　畦田麦夏直播花生生理生态特征

1994～1996 年，在山东省花生研究所试验站，测定了夏直播花生 6000～6520 kg·hm^{-2} 高产田植株生育动态。

一、主茎生长动态

苗期主茎生长较慢，始花时累积高度一般不超过 10 cm，平均日增量不到 0.5 cm，始花后逐渐加快，35 天左右出现生长高峰，高峰过后生长又逐渐变缓；花针期是主茎生长最快时期，平均日增量在 1 cm 以上，主茎累积高度约为植株总高度的

1/2；进入结荚期后，主茎生长越来越慢，结荚期平均日增量低于苗期，但累积高度高于苗期；进入饱果期后，主茎高度一般不再增加或增加甚微（表3-5）。

表3-5 夏直播花生主茎生长动态

项目	苗期	花针期	结荚期	饱果期
平均日增（cm·天$^{-1}$）	0.47±0.07	1.02±0.05	0.32±0.01	0.1±0.03
累积高度（cm）	8.9±1.3	29.3±2.8	42.1±0.1.1	44.2±1.8

二、叶面积指数及光合势

由图3-35可知，花生出苗后，随叶片的不断生长，叶面积指数逐渐增加。出苗后20天（始花期）可达1.0～1.5，40天（花针末期）可达3.3～3.8，50～60天（结荚前中期）达到高峰，可达4.5～5.5，峰值过后叶面积指数开始缓慢下降，收获时降至1.7～2.7。全生育期叶面积指数≥3的天数维持50～60天，叶面积指数≥4的天数维持25～30天。

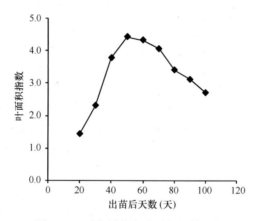

图3-35 夏直播花生叶面积指数动态

夏直播花生全生育期光合势287万～291万 m^2·天·hm^{-2}。其中苗期9万～15万 m^2·天·hm^{-2}，花针期42万～50万 m^2·天·hm^{-2}，结荚期164万～174万 m^2·天·hm^{-2}，饱果期56万～68万 m^2·天·hm^{-2}。

三、干物质积累动态

1. 总生物产量

夏直播花生总生物产量（total dry matter，TDM）积累动态符合Logistics方程。苗期平均干物质积累速度一般在4～5 g·m^{-2}·天$^{-1}$，阶段干物质积累量占总量的5%～7%；花针期平均积累速度可达9 g·m^{-2}·天$^{-1}$以上，阶段积累量占总量15%～

16%,其中 94%以上用于营养器官的建成;结荚期平均积累速度 18～20 g·m^{-2}·天$^{-1}$,最高时可达 21 g·m^{-2}·天$^{-1}$ 左右,阶段积累量占总量的 60%～61%,其中 60%以上被分配到生殖体中;饱果成熟期平均积累速度 9～11 g·m^{-2}·天$^{-1}$,阶段积累量占总量的 15%以上（图 3-36）。

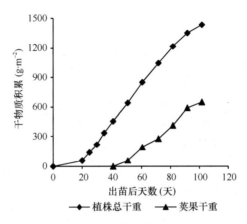

图 3-36　夏直播花生植株及荚果干物质积累动态

2. 荚果产量

荚果干物质（pod dry matter,PDM）积累符合 Logistics 方程。花生进入花针期后,随荚果的不断形成,干物质积累逐渐加快,高峰期出现在结荚末期,最高时可达 16 g·m^{-2}·天$^{-1}$ 左右,之后干物质积累又逐渐变缓,至成熟时趋近于 0（图 3-36）。

四、产量构成因素

在小麦、花生产量构成三因素中,小麦每公顷穗数和花生每公顷实收株数是基本要素,高产栽培必须在确保基本因素的前提下,充分发挥其余两个性状的增产潜力。单项试验表明,密度相同时,夏直播花生单株果数与麦套花生相差无几,其产量低的主要原因是生长期短,荚果成熟度差,果重低。研究还表明,在一定密度范围内,果重与密度呈正相关,适当增加群体密度,既可提高密度本身的增产效应,同时还可通过提高果重对产量产生正效应（表 3-6）。

表 3-6　小麦 7500 kg·hm^{-2}、花生 6750 kg·hm^{-2} 产量构成因素

品种	小麦			品种	花生		
	穗数（万穗·hm^{-2}）	穗粒数（粒）	千粒重（g）		实收株数（万株·hm^{-2}）	单株果数（个）	千克果数（个）
'917003'	676.5±62.5	34.2±2.24	40.3±1.93	'鲁花 9'	30.9±2.41	15.6±1.08	585±30.3
'817'	648±58.35	35.6±1.63	39.4±1.51	'鲁花 14'	31.65±1.98	14.9±0.54	579±23.7
'914142'	661.5±67.5	34.8±2.12	38.7±2.33	'平度 204'	31.56±17.45	16.3±0.98	594±29.1

第四节 玉米花生间作体系花生生理生态特征

一、生态特征

1. 冠层生态特征

周苏玫等（1998）研究表明，玉米花生间作群体中玉米受光分布合理（图 3-37），风速增大，CO_2 含量增加；花生的受光情况明显处于劣势，随着花生行数的增加，玉米对花生的影响减弱，间作群体内花生冠层上部风速比单作增加，风加速了 CO_2 的扩散。姚远等（2017）研究表明，玉米花生不同间作方式对花生冠层温度的影响存在差异，玉米花生行比 3∶5 和行比 2∶4 间作方式日平均温度显著高于其他方式。

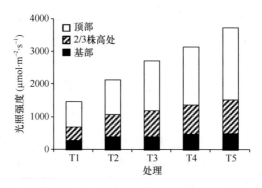

图 3-37 玉米花生间作群体光照强度的变化及分布状况（周苏玫等，1998）
T1、T2、T3 和 T4 处理玉米花生的行比分别为 2∶2、2∶4、2∶6 和 2∶8，T5 为单作花生

2. 土壤生态特征

由图 3-38 可知，与单作相比，玉米花生间作能明显提高二者根区的土壤细菌数量；间作花生根区土壤真菌和放线菌数量增加不明显，而玉米根区土壤真菌和放线菌数量比单作明显提高；另外，玉米花生间作可不同程度提高整个间作系统根区的土壤碱解氮、速效磷、有机质含量及 EC 值，由此可见，玉米花生间作可以较明显地改善两种作物根区的微生物和养分状况（章家恩等，2009）。

二、生理特征

1. 光合特性

（1）间作花生光合参数

表观量子效率（apparent quantum efficiency，AQE）反映了植物在弱光下的

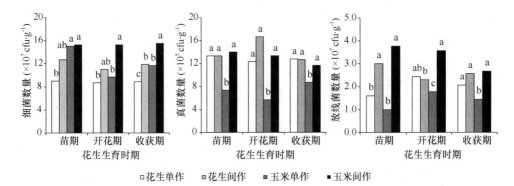

图 3-38　玉米花生间作对根区土壤微生物数量的影响（章家恩等，2009）

光合能力，羧化效率（carboxylation efficiency，CE）反映了 Rubisco 量的多少与酶活性的大小，分别为弱光强条件下（≤200 μmol·m^{-2}·s^{-1}）的光响应数据和低 CO_2 浓度条件下（≤200 μmol·mol^{-1}）的 CO_2 响应数据拟合直线的斜率。用饱和光下光合-CO_2 响应数据计算的最大羧化速率（rubp carboxylation rate，V_{cmax}）、最大 RuBP 再生的电子传递速率（electron transport rate，J_{max}）和磷酸丙糖利用速率（triose-phosphate utilization rate，TPU）被广泛认为是光饱和光合速率的主要限制因素。由表 3-7 可知，间作显著提高了花生功能叶的表观量子效率，显著降低了羧化效率，其 RuBP 羧化酶羧化速率、最大 RuBP 再生的电子传递速率和磷酸丙糖利用速率均显著下降；与不施磷相比，施磷后间作花生在光饱和时的光合速率、表观量子效率、V_{cmax}、J_{max} 和 TPU 均明显上调，其中 V_{cmax} 和 TPU 差异达到显著水平。这表明间作提高了花生在弱光下的光合能力，其光合反应过程中的 CO_2 羧化固定能力并没有提高，施磷后不仅提高了表观量子效率，还有利于提高 CO_2 羧化固定能力（焦念元等，2013a）。

表 3-7　间作对花生功能叶光合参数的影响

处理	LCP (μmol·m^{-2}·s^{-1})	LSP (μmol·m^{-2}·s^{-1})	LSPn (μmol·m^{-2}·s^{-1})	AQE (mol·mol^{-1})	CE	V_{cmax} (μmol·m^{-2}·s^{-1})	J_{max} (μmol·m^{-2}·s^{-1})	TPU (μmol·m^{-2}·s^{-1})
SP	75.4a	841.2a	33.4a	0.047c	0.122a	187.4a	134.5a	8.24a
IP	20.0b	587.2b	27.4b	0.051b	0.092b	136.0b	103.6b	6.87c
IP-P1	26.8b	585.7b	29.5b	0.053a	0.091b	181.0a	113.4b	7.74b

注：IP. 间作花生；SP. 单作花生；IP-P1. 间作花生施 $P_2O_5$180 kg·hm^{-2}；LCP. 光补偿点；LSP. 光饱和点；LSPn. 饱和净光合速率；AQE 表观量子效率；CE. 羧化效率；V_{cmax}. 最大 RuBP 羧化酶羧化速率；J_{max}. 最大电子传递速率；TPU. 磷酸丙糖利用速率；同一列不同小写字母表示在 0.05 水平上差异显著

（2）间作花生荧光参数

F_0 是植物叶片暗适应后 PSII 中心完全开放时的荧光强度，反映了 PSII 天线色素受激发后的电子密度；F_v 是植物在暗适应过程中的最大可变荧光强度，反映了 PSII 反应中心原初受体（plastidquinone，QA）的还原情况；F_v/F_m 是 PSII 最大光化学量子效率，反映开放的 PSII 反应中心的能量捕获效率；Φ_{PSII} 是作用光存在时 PSII 实际光化学量子效率，反映了被用于光化学途径激发能占进入 PSII 总激发能的比例，是植物光合能力的一个重要指标；qP 为光化学猝灭系数，反映 PSII 天线色素吸收的光能用于光化学电子传递的份额。与单作花生相比，施磷与不施磷条件下，间作显著提高了花生功能叶的可变荧光、PSII 的 F_v/F_m、Φ_{PSII} 和 qP，说明间作提高了花生功能叶的 QA 的还原能力、PSII 反应中心的能量捕获效率和光化学电子传递效率，提高了对光能捕获、传递和转化的效率；与不施磷相比，施磷后明显提高了间作花生 PSII 的 Φ_{PSII} 和 qP，分别提高了 7.9% 和 16.3%，有利于促进间作花生功能叶对光能的传递和转化（表 3-8）。

表 3-8 间作对花生功能叶荧光参数的影响

施磷（P_2O_5）水平（kg·hm^{-2}）	种植方式	初始荧光 F_0	最大可变荧光 F_v	PSII 最大光化学量子效率 F_v/F_m	PSII 实际光化学量子效率 Φ_{PSII}	光化学猝灭系数 qP
0	单作花生	236.7	860.3	0.781	0.453	0.585
	间作花生	241.0	1068.3	0.815	0.596	0.639
180	单作花生	230.3	772.7	0.769	0.414	0.603
	间作花生	215.7	952.3	0.713	0.643	0.743

（3）光合-光强响应曲线

与单作相比，高位作物与矮位作物间作的空间生态位显著不同，主要是由于全田群体高矮相错，相当于单一群体时的伞状结构，改变了单一群体的平面受光状态，使作物光合特性发生明显变化。从图 3-39 可以看出，间作花生功能叶片的光合速率随光照强度的增加而增加，达到光饱和点后趋于平缓。在较低光强时，间作花生的 P_n 明显高于单作花生，平均高出 85.8%，而高光强时却低于单作花生，平均低 10.4%；玉米花生间作提高了花生叶片的光补偿点，却降低了光饱和点（图 3-40）。表明玉米花生间作可降低花生光饱和点，提高花生在弱光下的 P_n，达到经济高效利用光能的目的。

（4）表观量子效率和光补偿点

光合作用表观量子效率表示每吸收一个光量子能引起 CO_2 净同化的数目。由图 3-40 可知，玉米花生间作明显提高了花生叶片的表观量子效率，比单作提高了46.1%，表明间作可提高花生叶片的光能转化能力。间作花生的光补偿点为 26.0 $\mu mol·m^{-2}·s^{-1}$，比单作降低了 68.3%。表明玉米花生间作提高了花生对弱光的吸收利用能力。

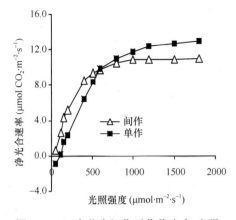

图 3-39 玉米花生间作对作物光合-光强
响应曲线的影响

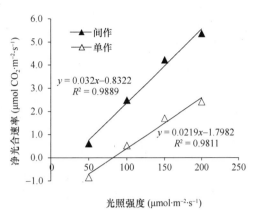

图 3-40 玉米花生间作对花生表观量子
效率和光补偿点的影响

（5）晴天与阴天净光合速率比较

与单作相比，在玉米花生间作中，间作降低了花生单叶净光合速率，尤其在阴天更明显，施氮不能提高间作花生晴天的单叶净光合速率，但能提高间作花生阴天的单叶净光合速率（表 3-9）。这主要是间作改变了群体内光分布，降低了花生功能叶位的光照强度。间作花生功能叶位阴天和晴天时最大光强分别是 $150.5\sim189.5$ $\mu mol \cdot m^{-2} \cdot s^{-1}$ 和 $1015\sim1174$ $\mu mol \cdot m^{-2} \cdot s^{-1}$，单作花生分别是 $354.7\sim433$ $\mu mol \cdot m^{-2} \cdot s^{-1}$ 和 $1276\sim1490$ $\mu mol \cdot m^{-2} \cdot s^{-1}$。

表 3-9 玉米花生间作花生晴天与阴天的净光合速率

种植方式	施氮水平（$kg \cdot hm^{-2}$）	净光合速率（$\mu mol \cdot m^{-2} \cdot s^{-1}$）	
		晴天	阴天
单作	0	18.08	13.66
	150	16.87	12.64
间作	0	16.71	4.42
	150	16.36	7.33

（6）晴天光合速率日变化特点

由图 3-41 可以看出，间作花生与单作花生的净光合速率日变化均呈单峰态势，中午 12:00 达到最大值；生间作明显降低花生的净光合速率，生育前期中午 12:00 光合速率间作与单作花生的差异不明显，但后期差异可达 49.9%，这主要是间作明显降低了花生功能叶位光照强度。

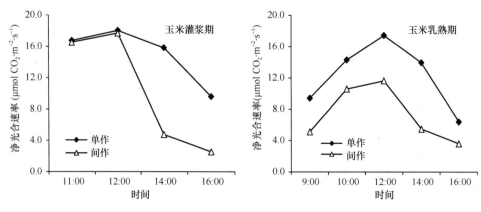

图 3-41　间作花生净光合速率日变化

（7）晴天 PSII 最大光化学效率日变化特点

由图 3-42 可知，间作花生与单作花生的 PSII 最大光化学效率 F_v/F_m 的日变化均呈倒抛物线趋势，中午叶片的 PSII 最大光化学效率降到最低值，然后不断增大，恢复到上午水平；玉米花生间作虽降低了净光合速率，但是明显提高了花生的 PSII 最大光化学效率，说明间作能提高花生光能潜在量子效率，尤其在上午和下午弱光时。

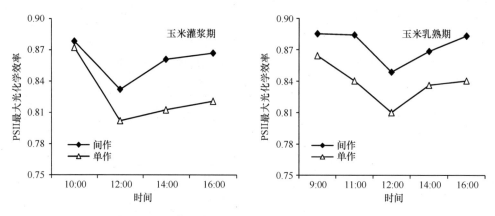

图 3-42　间作花生晴天 PSII 最大光化学效率日变化

（8）阴天 PSII 最大光化学效率的日变化特点

阴天间作花生与单作花生具有相同的 PSII 最大光化学效率 F_v/F_m 日变化，呈倒抛物线趋势，中午降到最低值。阴天间作花生 PSII 最大光化学效率日变化比晴天的平缓，最低值与晴天的差异不大，但单作花生晴天与阴天相差 0.069（图 3-43）。

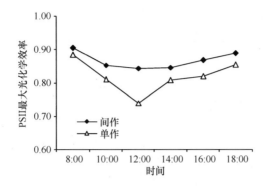

图 3-43 间作花生阴天 PSII 最大光化学效率日变化

（9）晴天 PSII 实际光化学效率日变化特点

花生在间作和单作时，PSII 实际光化学效率日变化均呈倒抛物线，在中午降到最低值，玉米花生间作提高了花生上午、下午的 PSII 实际光化学效率，但降低了中午的 PSII 实际光化学效率（图 3-44），说明由于间作使花生长期处在弱光下，刺激了花生对弱光吸收利用能力，降低了对强光利用效率。

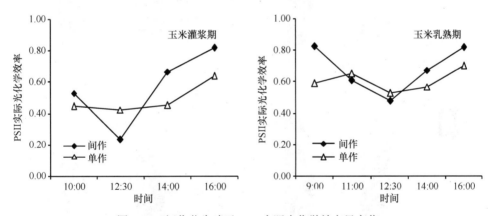

图 3-44 间作花生晴天 PSII 实际光化学效率日变化

（10）阴天 PSII 实际光化学效率日变化特点

间作花生阴天的 PSII 实际光化学效率日变化呈"U"形，单作花生的呈倒抛物线。间作花生与单作花生的 PSII 实际光化学效率，在各时刻差异明显，均是间作大于单作，说明玉米花生间作提高了花生阴天光能利用效率（图 3-45）。

2. 根瘤特性

（1）玉米花生间作对根瘤氮代谢的影响

由图 3-46 可知，与单作相比，玉米花生间作能够明显增强固氮酶活性和谷氨

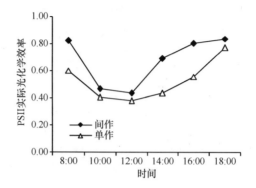

图 3-45 间作花生阴天 PSII 实际光化学效率日变化

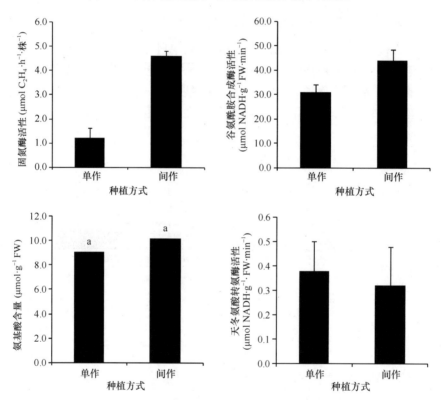

图 3-46 玉米花生间作对花生根瘤固氮酶活性及氮代谢的影响（左元梅等，2004）

酰胺合酶活性，进而增加了间作花生根瘤氨基酸含量，而天冬氨酸转氨酶活性降低（左元梅等，2004）。

（2）玉米花生间作对根瘤碳代谢的影响

与单作相比，间作花生根瘤异柠檬酸脱氢酶、苹果酸脱氢酶等碳代谢酶活性明显高于单作，而磷酸烯醇式丙酮酸羧激酶活性低于单作花生（图3-47）。不同种植方式根瘤内蔗糖含量差异不明显，单作花生根瘤皮层细胞内积累大量淀粉粒，而间作花生则较少。因此，单作花生缺铁黄化对光合速率及光合产物的数量和运输的影响不是限制固氮活性的关键因子（左元梅等，2004）。

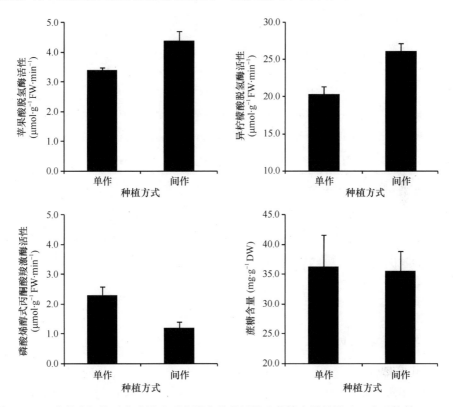

图3-47　玉米花生间作对花生根瘤碳代谢有关酶活性及蔗糖含量的影响（左元梅等，2004）

3. 铁含量和积累量

（1）铁含量

玉米花生间作改善花生新生叶片铁营养，与单作花生相比，三种基因型玉米均能明显提高花生地上叶、茎的含铁量，且不同基因型玉米之间存在差异性（表 3-10）。与单作花生相比，玉米花生间作提高花生籽仁铁含量，差异性均达到显著水平。这表明玉米花生间作能改善花生籽仁铁营养。

（2）铁吸收积累量

焦念元等（2012）研究表明，与单作花生相比，玉米花生间作提高了铁营养在

表 3-10　不同基因型玉米对间作花生植株铁含量的影响（单位：mg/kg）

处理		7 月 20 日		8 月 15 日		9 月 27 日		籽仁
		茎	叶	茎	叶	茎	叶	
不施磷	单作	511.7C	159.3D	377.0D	398.6D	336.2B	213.0B	23.4c
	间作-'郑单 958'	544.9B	398.5B	554.8B	479.4B	512.3A	268.2A	34.8a
	间作-'登海 661'	520.8C	287.4C	398.4C	405.6C	344.5B	219.4B	28.1b
	间作-'甜单 21'	555.6A	420.9A	585.5A	493.7A	520.5A	276.3A	36.1a
施磷 180 kg·hm⁻²	单作	345.3C	250.0C	379.9C	316.2C	209.4B	165.6C	22.5c
	间作-'郑单 958'	533.9A	411.5A	541.6A	468.7A	435.7A	328.7AB	32.1a
	间作-'登海 661'	355.7B	278.2B	396.3B	360.3B	215.0B	189.5BC	26.1b
	间作-'甜单 21'	549.7A	407.6A	556.8A	483.5A	447.4A	342.5A	36.1a

注：同一列不同小字母表示差异显著（$P<0.05$），不同大写字母表示差异极显著（$P<0.01$）

间作花生植株中的积累量；从提高间作花生单株铁积累量来看：'甜单 21'＞'郑单 958'＞'登海 661'。这表明玉米花生间作有利于促进花生对铁营养的吸收积累，不同基因型玉米品种间对促进花生铁营养积累存在差异。

三、生育特性

1. 复合群体干物质的积累

从图 3-48A 可以看出，在玉米大喇叭口期以前，玉米花生间作群体的干物质积累量低于单作花生，此后，开始赶超单作花生，在玉米开花期，玉米花生间作群体干物质积累量已超过单作花生，到收获期，单作玉米干物质积累量也超过单作花生，但一直低于间作群体，各个时期差异均达到极显著水平，这正是玉米花生间作具有间作产量优势的物质基础。

2. 复合群体叶面积指数

叶面积指数是反映作物群体生长状况的重要指标之一，与花生的产量高低密切相关。玉米花生间作复合群体、单作玉米和单作花生的叶面积指数变化均呈抛物线，在玉米开花期均达到最大值。在各生育时期，玉米花生间作复合群体的叶面积指数均明显高于单作玉米和单作花生，其叶面积指数最大值可达 8.18，并且在收获期还保持较高的叶面积指数，比单作玉米和单作花生分别平均高出 4.36% 和 126.8%，这正是玉米花生间作增加产量的物质基础（图 3-48B）。

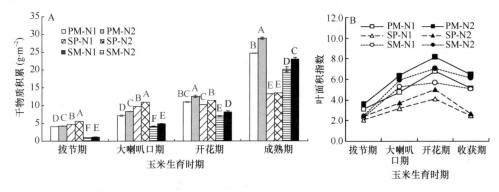

图 3-48 玉米花生间作复合群体干物质的积累（A）和叶面积指数（B）的影响

PM-N1 玉米花生间作施氮 180 kg·hm⁻²；PM-N2 玉米花生间作施氮 360 kg·hm⁻²；SP-N1 单作花生施氮 180 kg·hm⁻²；
SP-N2 单作花生施氮 360 kg·hm⁻²；SM-N1 单作玉米施氮 180 kg·hm⁻²；SM-N2 单作玉米施氮 360 kg·hm⁻²

第五节 不同种植方式花生源库结构分析

一、高产花生叶面积指数消长规律与高产途径

1987～1989 年，根据鲁东、鲁中南气候条件，进行了春播、夏直播和大垄宽幅麦套种 3 种种植方式花生高产栽培技术示范。春播花生 4 月中旬至 5 月上旬播种，9 月上旬至中旬收获；大垄宽幅麦套花生 4 月上旬至中旬播种，9 月中旬至下旬收获；夏直播花生于麦收后的 6 月上旬至中旬播种，9 月下旬至 10 月上旬收获。生育期间选定 20 块不同产量水平的花生群体，自始花开始每隔 5～15 天测定叶面积，全生育期共测定 10～20 次，将测定结果汇总整理，结果见表 3-11。

表 3-11 不同种植方式产量水平为 4500～6000 kg·hm⁻² 花生的叶面积指数及光合势

种植方式	品种	产量 (kg·hm⁻²)	最大叶面积指数	叶面积指数				光合势（万 m²·天·hm⁻²）				
				苗期	花针期	结荚期	饱果期	苗期	花针期	结荚期	饱果期	产量形成期
春播	'鲁花 9'	7425（A）	4.8	0.5	2.09	3.9	3.7	14.4	42.1	136.8	106.7	243.5
		6780	4.39	0.26	1.07	2.84	3.71	3.3	21.6	105	106.7	211.7
		5730	4.11	0.45	2.27	3.4	3	13.1	46	118.9	86.4	205.3
	'花 37'	5220	4.62	0.48	1.84	3.41	1.44	1.43	36.8	139.3	60.7	200
		5040	3.81	0.31	1.14	2.8	2.96	7.9	23.2	100.3	85.7	186
		4605（B）	3.59	0.38	1.35	2.69	1.98	11.3	26.9	109.9	82.5	192.4
大垄宽幅麦套种	'鲁花 10'	6180（C）	4.42	0.47	1.7	3.67	3.62	16.3	34	120	108.6	228.6
	'花 37'	5550	3.8	0.19	0.48	1.79	2.97	5.5	9.6	118.8	105.8	224.6
		5130（D）	3.64	0.11	0.55	2.51	2.57	3.1	11.1	116.7	102.7	219.4

续表

种植方式	品种	产量 (kg·hm⁻²)	最大叶面积系数	叶面积指数				光合势（万 m²·天·hm⁻²）				
				苗期	花针期	结荚期	饱果期	苗期	花针期	结荚期	饱果期	产量形成期
大垄宽幅麦套种	'花37'	5115	3.5	0.3	0.77	2.45	2.97	9.5	15.3	105.1	105.9	211
		5070	3.78	0.34	1.73	3.48	2.82	9.2	34.1	112.6	99.6	212.2
		4935	3.2	0.17	0.4	1.36	2.57	5.6	8	90.5	107.5	198
夏直播	'双纪2'	6795	6.31	0.9	3.48	4.85	5.69	18	52.2	169.8	119	288.8
		6060	4.45	0.9	3.15	3.93	2.71	16.2	59.7	161.1	54.2	215.3
		5955	4.96	0.78	2.37	3.99	3.16	15.5	35.6	169.1	63.6	232.7
	'鲁花9'	6555（E）	4.43	0.72	2.51	4.13	3.09	13.7	53.7	168.9	61.8	230.7
		6105	4.29	0.31	1.71	3.84	3.98	5.5	35.8	123.2	79.5	202.7
		5730	5.32	0.45	2	4.2	2	6.7	34.1	168.5	57.9	226.4
		5145	4.32	0.45	2.67	3.79	2.26	16.8	49.1	147.7	65.4	213.1
		4920（F）	4.53	0.62	2.15	3.7	1.92	9.2	86.6	143.6	55.7	199.3

1. 不同种植方式和产量水平花生不同生育期叶面积指数和光合势比较

3 种种植方式花生生育前期叶面积增长以夏直播最快，苗期叶面积指数平均 0.64；春播次之，平均 0.40；麦套花生由于受小麦遮荫等影响，平均只有 0.26。花针期叶面积指数增长趋势基本与苗期一致。花生叶面积指数峰值春播多数出现在结荚末期，夏直播多数出现在结荚中期，麦套出现在结荚末期或饱果初期。这与 3 种种植方式的花生各生育时期所处自然条件和栽培条件有关。

3 种种植方式花生产量形成期（结荚期+饱果期）的光合势占全生育期 80%～94%。麦套花生的产量形成期（结荚期+饱果期）的光合势占全生育期的比例明显高于春播和夏直播花生，因此，麦套花生后期光合势对产量形成的贡献率比春播、夏直播花生大，这也是高产麦套花生晚发的一个显著特点。春播和麦套花生结荚期光合势占全生育期的比例均在 46.0%左右，而夏直播花生结荚期光合势占全生育期 55.0%左右，说明结荚期光合势在夏直播花生干物质生产和产量形成中具有举足轻重的地位。

2. 不同种植方式和产量水平花生叶面积指数和光合势比较

（1）叶面积指数消长动态模型

用多项式回归模型 $y = b_0 + b_1x + b_2x^2 + \cdots + b_nx^n$ 对 3 种种植方式的 20 个测验点花生叶面积指数消长进行拟合，结果其决定系数均在 0.8 以上，其项次因栽培方式、栽培条件和品种不同而异。春播和麦套花生多数符合三次式回归模型，而夏直播花生多数符合二次式回归模型（表 3-12）。

表 3-12　不同种植方式花生叶面积指数消长动态模型

种植方式	测验点数	在 0.01 或 0.05 水平上显著			决定系数（R^2）
		二次式	三次式	四次式	
春播	6	2	4	1	0.8519～0.9987
麦套	6	1	5	/	0.9134～0.9985
夏直播	8	6	1	/	0.8333～3.9790

（2）叶面积指数和光合势特征值比较

不同栽培方式，不同产量水平叶面积指数消长过程不同，表 3-13 和图 3-49 列出了三种方式不同产量水平 6 个花生群体（A、B、C、D、E、F）的叶面积指数消长回归模型的参数值和曲线图。

表 3-13　不同产量水平花生叶面积指数模拟方程参数值

种植方式		常数项 b_0	偏回归系数			叶面积指数峰值	峰值出现时间	决定系数（R^2）	叶面积指数下降率（%）
			一次项 $b_1 \times 10^{-2}$	二次项 $b_2 \times 10^{-3}$	三次项 $b_3 \times 10^{-5}$				
春播	Y_A	0.4371	−4.9963	3.0093**	−2.1540**	4.71	84.4	0.9987	2.91
	Y_B	−0.7793	3.2509*	0.8389**	−0.7951**	3.16	85.1	0.9987	5.84
麦套	Y_C	0.5533	−8.1145*	3.3714**	−2.2224**	4.38	87.4	0.9985	2.73
	Y_D	0.8372	−8.8087*	2.5798**	−1.4171**	3.66	100.1	0.9927	5.64
夏直播	Y_E	−0.7689	14.9977**	−1.1389*	/	4.17	65.8	0.8912	0.73
	Y_F	−0.5970	15.8069**	−1.4041*	/	3.87	56.3	0.9114	2.64

注：A、B、C、D、E、F 产量水平见表 3-11

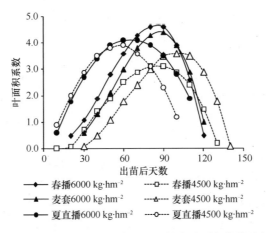

图 3-49　不同种植方式不同产量水平花生叶面积指数消长规律

叶面积指数峰值及出现时间 三种种植方式 6000 kg·hm^{-2} 产量水平的叶面积指数峰值（A、C、E）明显高于 4500 kg·hm^{-2} 产量水平的叶面积指数峰值（B、D、F）。前者平均 4.42，后者平均 3.56。因此，高产花生应具有一个较高的叶面积指数峰值（表 3-13）；荚果产量为 4500~6000 kg·hm^{-2} 的群体叶面积指数峰值下限为：春播和麦套≥3.5，夏直播≥4。最适叶面积指数峰值：春播和麦套为 4~5，夏直播为 4.5~5.5。三种种植方式叶面积指数峰值出现的时间为：夏直播早于春播，春播早于麦套。夏直播花生由于生长前期温度高，生长快，出苗后分别在 66 天和 56 天叶面积指数便达到高峰，此段时间分别占各自叶片工作日（出苗至成熟）的 65% 和 56%；春播花生由于生长前期温度较低，出叶速度慢，叶面积指数增长速度不及夏直播花生，因而峰值出现较迟，出苗后在 84 天和 85 天达最高，分别占各自叶片工作日的 74% 和 66%；麦套花生由于前期生长与小麦有一段共生期，生长发育受到限制，前期叶面积指数最低，峰值出现最晚，出苗后 87 天和 100 天叶面积指数才达到高峰，分别占各自叶片工作日的 76% 和 72%。

叶面积指数下降率 由表 3-13 知，6000 kg·hm^{-2} 产量水平的叶面积指数下降率明显低于 4500 kg·hm^{-2} 产量水平的叶面积指数下降率，前者平均 2.12%，后者平均 4.71%。高产花生生长后期叶面积指数下降率应控制在 3% 以下。

叶面积指数≥3 的工作日 春播、麦套、夏直播三种种植方式 6000 kg·hm^{-2} 产量水平叶面积指数≥3 的工作日分别为 54 天（A）、48 天（C）和 60 天（E），而 4500 kg·hm^{-2} 产量水平的工作日分别为 20 天（B）、48 天（D）和 45 天（F），前者平均 54 天，后者平均 37.7 天。因此，高产花生不仅应具有较高的叶面积指数峰值，同时应尽可能地延长峰值所持续的时间，做到≥3 的叶面积指数维持 45~50 天，以增加光合势。

3. 花生高产途径

将花生荚果与各生育期叶面积指数和光合势分别进行相关分析，结果表明，春播花生产量形成期叶面积指数与产量相关显著（r=0.8835*）；麦套花生饱果期叶面积指数与产量相关显著（r=0.9213*）；夏直播花生结荚期和饱果期叶面积指数均与产量相关显著（r=0.7496* 和 r=0.7883*）。春播和麦套花生叶面积指数峰值与产量相关分别达显著水平（$r_{春}$=0.8129* 和 $r_{套}$=0.9167*）。3 种种植方式的花生产量形成期光合势与产量相关分别达显著或极显著水平（$r_{春}$=0.9174**、$r_{套}$=0.8237* 和 $r_{夏}$=0.7078*）。说明花生结荚后期光合势的大小对荚果产量形成有直接影响，增加生育后期光合势是提高花生产量的有效途径。生产中应围绕提高这一时期的光合势制定相应栽培措施。夏直播花生生育期短，温度高，栽培措施应采取以促为主。但叶面积指数峰值不宜超过 6，叶面积指数过大会导致营养体与生殖体比例失调，同样难以高产。春播花生苗期叶面积指数不宜增长过快，中期如果叶面积指数过大，可采取化控措施。

麦套花生前期生长在麦行间，正常的田间管理受到限制，麦收后应及时采取相应措施，使叶面积指数尽快赶上或接近春播水平。无论哪种种植方式，延长叶片功能期，提高产量形成期的光合势是高产栽培后期管理的中心内容。

二、花生产量构成因素分析及高产途径

1987～1989 年，对不同两熟制种植方式、不同产量水平花生产量构成因素进行了考察，结果见表3-14。

表 3-14　高产花生产量构成因素

种植方式	代表品种	年份	实收株数（万株·hm⁻²）	单株果数（个）	百果重（g）	千克果数（个）	产量（kg·hm⁻²）
		1987	22.62	15.3	139.1	719	4326.0
	'鲁花9'	1988	24.54	15.8	139.1	719	4852.5
		1989	24.84	15.7	138.5	722	4861.5
		1987	23.61	15.8	155.8	642	5250.0
大垄宽幅麦套种	'鲁花10'	1988	26.31	14.9	153.1	653	5403.0
		1989	26.58	15.2	152.7	655	5551.5
		1987	25.52	14.3	181.8	550	5667.0
	'群育101'	1988	27.70	14.8	181.5	551	6600.0
		1989	27.79	14.4	179.9	556	6477.0
		1987	23.67	14.9	147.1	680	4665.0
		1988	24.44	14.9	146.6	682	4806.0
		1989	23.89	15.2	147.5	678	4821.0
		1987	27.05	14.1	153.8	650	5283.0
小垄宽幅麦套种	'海花1'	1988	26.86	14.8	153.4	652	5487.0
		1989	27.09	14.6	143.9	695	5493.0
		1987	26.58	13.8	198.0	505	6535.5
		1988	27.97	13.9	188.7	530	6603.0
		1989	27.75	13.7	190.5	525	6517.5
		1987	27.38	14.9	153.1	653	5605.5
	'鲁花9'	1988	29.16	13.8	153.6	651	5563.5
		1989	28.07	14.5	152.7	655	5592.0
		1987	26.93	13.4	145.8	686	4788.0
夏直播	'鲁花8'	1988	32.59	11.9	146.4	683	5110.5
		1989	30.48	12.8	145.8	686	5118.0
		1987	33.51	10.4	187.3	534	5914.5
	'双纪2'	1988	30.09	12	191.9	521	6237.0
		1989	32.25	11.5	186.9	535	6240.0

1. 产量构成因素间相关分析

不同种植方式花生产量构成因素间相关分析可知，播种较早的大垒宽幅麦套种花生产量与实收株数（群体密度）相关性最大（$r=0.9006$），其次是百果重（$r=0.8912$）。而播种较晚的小垒宽幅麦套种和夏直播花生的产量与百果重相关性最大，相关系数分别为 0.9595 和 0.8977；其次是实收株数，相关系数分别为 0.8233 和 0.3793。特别是夏直播花生，百果重与产量相关系数显著大于其余两因素，说明荚果饱满度是限制夏直播花生产量的主要因素。三种方式的公顷实收株数均与单株果数呈负相关，与百果重呈正相关，而单株果数与百果重均呈较高的负相关（表 3-15），即在一定范围内，随群体密度的增加，虽然花生单株果数减少，但百果重却有增加的趋势，这对花生产量的形成是有利的。

表 3-15　不同种植方式花生产量与其构成因素分析

种植方式		x_1	x_2	x_3	y	直接贡献率（%）	因子变幅	因子平均数
大垒宽幅麦套种花生	x_1	<u>0.5944</u>	−0.2290	0.5352	0.9006**	32.2	22.62～27.97	25.5
	x_2	−0.6503	<u>0.3520</u>	−0.6583	−0.6929*	19.2	14.30～15.80	15.10
	x_3	0.6857*	−0.8843	<u>0.7806</u>	0.8912**	42.4	0.1391～0.1818	0.1577
	e				0.1139	6.2		
	y						4.326～6.600	5.447
小垒宽幅麦套种花生	x_1	<u>0.4498</u>	−0.2137	0.5837	0.8233**	27.4	23.67～27.97	26.15
	x_2	−0.7964*	<u>0.2682</u>	−0.8031	−0.8930**	16.3	13.70～15.20	14.40
	x_3	0.6483	−0.8866**	<u>0.9059</u>	0.9595**	55.2	0.1466～0.1980	0.1644
	e				0.0170	1.0		
	y						4.650～6.603	5.577
夏直播花生	x_1	<u>0.7175</u>	−0.9933	0.6551	0.3793	22.7	26.93～33.51	
	x_2	−0.8971**	<u>1.1073</u>	−0.8280	−0.3644	35.1	10.40～14.90	12.80
	x_3	0.5225	−0.6603	<u>1.2540</u>	0.8977**	39.8	0.1458～0.1919	0.1626
	e				0.0756	2.4		
	y						5.564～6.240	5.574

注：①表中 x_1、x_2、x_3、e 和 y 分别代表实收株数、单株果数、百果重、剩余项和产量；②表中每种方式产量一列，前三个数值为诸因素（x_1、x_2、x_3）与产量（y）的相关系数，最后一个为剩余项（e）；在其左边的三阶方阵中，对角线上的数值（数字下划线的）为诸因素对产量的直接通径系数，对角线上方的数值为诸因素对产量的间接通径系数，下方为诸因素间的相关系数

2. 产量与其构成因素间的通径分析

通径分析结果（表 3-15）表明，大垒宽幅麦套种花生产量构成诸因素对产量的直接通径系数顺序为：百果重＞实收株数＞单株果数，其对产量的直接贡献率

分别为 42.4%、32.3%和 19.2%。另外,实收株数通过百果重对产量产生较大的正效应(间接通径系数 0.5352),其对产量的作用仅次于实收株数本身(直接通径系数 0.5944)的直接作用。若适当增加群体密度,既可提高其本身对产量的效应,同时还能提高百果重,进而提高荚果产量。小垄宽幅麦套种花生产量构成诸因素对产量的效应相似于大垄宽幅麦套种。夏直播花生诸因素对产量的直接通径系数顺序为:百果重>单株果数>实收株数,其直接贡献率分别为 39.8%、35.1%和 22.7%。说明在范围内,群体密度已不是夏直播花生产量的主要限制因素,高产栽培要在稳定单株果数的基础上主攻百果重。

综上所述,密度是限制套种花生产量的主要因素,而荚果饱满度是限制夏直播花生产量的主要因素,此结论与实际情况基本相吻合。套种花生由于受小麦影响,穴距和播种质量往往难以按标准要求进行,造成群体密度不足。大、小垄宽幅麦套种花生平均实收株数均在 26.20 万株·hm^{-2}以下,最高的也只有 27.97 万株·hm^{-2}。而夏直播花生不受小麦影响,较易按预定密度规格保质保量地进行播种,因而,比套种花生更易拿到较高的群体密度(平均实收株数为 30.05 万株·hm^{-2},最高达 33.51 万株·hm^{-2})。但由于夏直播花生是在麦收后播种,生长期短,加之生长后期温度低,所以光热量较套种花生少,往往不能满足目前生产上正在推广的一些潜力较大的大果品种之需要,造成后期"逼熟",导致荚果充实度差,果重低。

3. 不同种植方式花生高产途径

从以上分析知,大、小垄套种花生要夺取高产,首先应采取措施增加群体密度,在一定范围内,密度除本身对产量产生直接效应外,同时还能通过提高饱果率,增加果重,对产量的提高产生间接效应。一切有利于增加群体密度的措施,均有利于提高套种花生的产量;夏直播花生生育期短,光热不足导致饱果率低,是限制产量的主要因素。高产夏直播花生一方面麦收后应抢茬早播,另一方面应注意选晚播、早熟的小麦高产良种,确保花生全生育期在 120 天以上。

第四章 生态环境对花生生理特性的影响

第一节 弱光胁迫对花生生理特性的影响

套种花生生育前期与小麦共生，共生期间花生生育所需的肥、水、气、热、光等生态条件发生了变化，其中光照在小麦收获前后变化最大。为明确苗期弱光单一因素对花生光合特性、植株生长发育及产量等方面的影响，2006～2015 年采用人工遮荫的方法在大田和人工气候室条件下进行了试验。

试验采用遮荫网进行苗期遮荫，遮荫棚高 1.5 m，东、南、西三面遮荫网距地面 30 cm，北面完全敞开，以利通风透气，遮荫 40 天。采用两种不同透光率的遮荫网设置遮荫 50%（中度）和 85%（重度）两个遮荫强度，两处理的实际遮荫强度分别为 51.6%和 83.5%，以自然光照为对照。供试品种为大花生'花育 22'和小花生'白沙 1016'。

一、弱光胁迫对花生光合生理的影响

农作物的产量主要来源于光合作用，光照强度对植物的光合特性有显著的影响，过高或过低均会导致光合能力降低（Afsharnia et al.，2013；Murakami et al.，2014）。遮荫对作物光合特性的影响，因作物的需光特性、遮荫程度、遮荫时期及持续时间不同而存在较大差异。

1. 光合参数

由表 4-1 可知，苗期遮荫花生的净光合速率显著降低，遮荫 50%和遮荫 85%处理花生的功能叶片的净光合速率（两年平均值）为 17.45 μmol $CO_2 \cdot m^{-2} \cdot s^{-1}$ 和 7.95 μmol $CO_2 \cdot m^{-2} \cdot s^{-1}$，分别比对照低 35.3%和 70.5%。净光合速率降低的同时，蒸腾速率和气孔导度减小，胞间 CO_2 浓度增加。结果表明遮荫条件下花生叶片光合速率降低的原因不是气孔导度的降低，而是非气孔限制，即可能是叶肉细胞光合活性的降低或光能供应不足造成的。

2. 光合-光强响应曲线和光合- CO_2 响应曲线

光合-光强响应曲线指净光合速率随光强大小而变化的曲线，光合-光强响应曲线的改变表明植物光合结构的运转具有主动适应光照环境的能力。光照强度在

表 4-1 遮荫对花生功能叶片光合参数的影响

处理	净光合速率 (μmol CO₂·m²·s⁻¹)		蒸腾速率 (μmol CO₂·m²·s⁻¹)		气孔导度 (μmol CO₂·m²·s⁻¹)		胞间 CO₂ 浓度 (μmol·mol⁻¹)	
	2006 年	2007 年	2006 年	2007 年	2006 年	2007 年	2006 年	2007 年
对照	28.5Aa	25.4Aa	6.9Aa	9.4Aa	411.8Aa	764.7Aa	133.8Cc	226.3Bb
遮荫 50%	20.6Bb	14.3Bb	5.7ABa	6.5Bb	326.0Bb	465.8Bb	161.8Bb	256.0Bb
遮荫 85%	6.7Cc	9.2Cc	4.2Bb	6.1Bb	273.3Bc	244.3Cc	251.0Aa	288.0Aa

注: 同一列不同大写字母表示差异极显著 ($P < 0.01$), 不同小写字母表示差异显著 ($P < 0.05$), 具有相同字母的数值间差异不显著, 本章下同

$0 \sim 1800$ μmol CO₂·m²·s⁻¹ 变化时, 不同光照强度下生长的花生光强-光合曲线形状不同, 随遮荫程度的增加, 光饱和点降低 (图 4-1)。遮荫 50% 处理的光补偿点和对照相差不大, 而遮荫 85% 处理的光补偿点为 88.72 μmol CO₂·m²·s⁻¹, 明显低于对照。叶片表观量子效率 (即单位光量子同化固定的 CO₂ 的分子数) 遮荫 50% 处理和对照相差不大, 而遮荫 85% 处理明显高于对照 (表 4-2)。

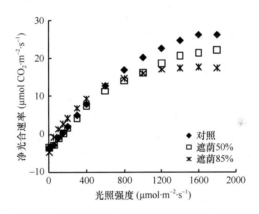

图 4-1 遮荫和自然光照下生长的花生叶片光合-光强响应曲线

表 4-2 遮荫对花生功能叶片光合效率参数的影响

处理	光补偿点 (μmol CO₂·m²·s⁻¹)	表观量子效率 (mol·mol⁻¹)	CO₂ 补偿点 (μmol·mol⁻¹)	羧化效率 (μmol·m²·s⁻¹)
对照	132.82	0.028	111.37	0.10
遮荫 50%	141.80	0.027	84.12	0.09
遮荫 85%	88.72	0.036	105.73	0.06

由图 4-2 知, 遮荫和自然光照下生长的花生净光合速率对 CO₂ 的响应曲线有差异。自然光照下生长的花生叶片 CO₂ 饱和点为 1390.0 μmol·mol⁻¹, 而遮荫 50% 和遮荫 85% 处理的叶片饱和点大约在 1405 μmol·mol⁻¹ 和 1506 μmol·mol⁻¹; 遮荫 50% 处理花生叶片的羧化效率和对照相差不大, 而遮荫 85% 叶片羧化效率比对照低

42%，说明遮荫 50%对叶片的碳同化能力影响较小，而遮荫 85%处理花生叶片的碳同化能力明显降低（表 4-2）。

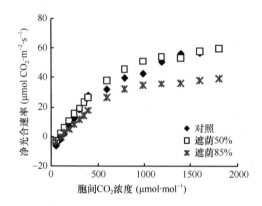

图 4-2　遮荫和自然光照下生长的花生叶片光合-CO_2响应曲线

3. 叶绿素荧光特性

叶绿素荧光参数是反映植物光合效率的重要参数，荧光参数的变化可以从光合作用的内部变化角度进一步揭示花生植株对不良反应的适应性（Demming-Adams et al.，1996）。F_v/F_m 值表示原初光能效率与 PSII 潜在量子效率，又称为 PSII 最大光化学效率，其值大小与光合电子传递活性呈正比。qP 为光化学猝灭系数，反映 PSII 的开放程度。NPQ 为非光化学猝灭系数，反应热耗散的变化。由表 4-3 可知，遮荫 50%和遮荫 85%处理花生叶片的 F_v/F_m 值（两年平均）显著高于对照。遮荫 50%和遮荫 85%处理花生叶片的 qP 值比对照叶片高，而 NPQ 值则比对照叶片低。研究表明，花生对于弱光具有一定的自我调节和适应能力，遮荫提高了 PSII 反应中心的活性及光合电子传递速率，叶绿体吸收光能产生的总激发能用于光化学反应生成光合产物的比例增加，用于热耗散的比例降低。

表 4-3　遮荫对花生功能叶片叶绿素 a 荧光参数的影响

年份	处理	PSII 最大光化学效率	PSII 实际光化学效率	光化学猝灭系数	非光化学猝灭	表观光合电子传递速率
2006	对照	0.74±0.03Bb	0.43±0.09Aa	0.77±0.14Aa	0.77±0.18Aa	2.54±0.28Bb
	遮荫 50%	0.84±0.01Aa	0.59±0.09Aa	0.87±0.07Aa	0.59±0.09ABa	4.10±0.6Aa
	遮荫 85%	0.86±0.01Aa	0.65±0.04Aa	0.83±0.04Aa	0.29±0.05Bb	4.34±0.28Aa
2007	对照	0.81±0.02Bb	0.32±0.02Aa	0.34±0.01Aa	1.24±0.24Aa	3.12±0.03Aa
	遮荫 50%	0.89±0.01Aa	0.36±0.04Aa	0.41±0.06Aa	0.56±0.09ABb	3.34±0.11Aa
	遮荫 85%	0.89±0.01Aa	0.32±0.1Aa	0.43±0.07Aa	0.75±0.22Bb	3.89±0.73Aa

由表 4-4 可知，不同类型花生遮荫处理与对照相比，叶片的 PSII 的最大光化学效率 F_v/F_m 值与 PSII 的实际光化学效率 Φ_{PSII} 均下降。龙生型花生的 F_v/F_m、Φ_{PSII} 值分别下降 1.2% 和 13.3 %；多粒型花生分别下降 1.2% 和 13.7%；珍珠豆型花生分别下降 7.1% 和 15.8%；普通型花生分别下降 7.9% 和 32.1%；中间型花生分别下降 4.4% 和 17.0%。由试验数据看出，遮荫处理对龙生型花生的 F_v/F_m、Φ_{PSII} 影响最小，对普通型花生影响最大。

表 4-4　遮荫对不同类型花生叶绿素荧光特性的影响

类型	PSII 最大光化学效率 F_v/F_m		PSII 实际光化学效率 Φ_{PSII}	
	遮荫	对照	遮荫	对照
龙生型	0.86	0.87	0.26	0.30
多粒型	0.82	0.83	0.44	0.51
珍珠豆型	0.79	0.85	0.32	0.38
普通型	0.82	0.89	0.38	0.56
中间型	0.86	0.90	0.39	0.47

4. 叶绿素含量与组成

叶绿素是光合作用的光敏催化剂，其含量与比例是植物适应和利用环境因子的重要指标。因此，叶绿素受弱光胁迫影响所产生的生理变化是筛选鉴定花生耐荫品种的重要指标。遮荫花生叶片光合性能的增强可能与花生功能叶片光合色素含量变化有关。由表 4-5 看出，与对照相比，苗期遮荫 50% 花生功能叶片的叶绿素总量（a+b）、叶绿素 a 及叶绿素 b 均增加，叶绿素 a/b 比值降低。叶绿素 b 含量的增加有利于捕光色素复合体含量的提高，均衡激发能在两个光系统间的分配，提高对弱光的吸收利用能力。遮荫 85% 花生功能叶片叶绿素总量、叶绿素 a 及叶绿素 b 素含量显著增加，其中叶绿素 b 含量高于遮荫 50% 处理，而其他比遮荫 50% 的处理低。这可能由于遮荫程度较大时，光照太弱，不利于叶绿素的合成，但依然有利于叶绿素 a 转化为叶绿素 b。

表 4-5　遮荫对花生叶片叶绿素含量的影响

处理	叶绿素总量（a+b）（mg·g⁻¹DW）	叶绿素 a（mg·g⁻¹DW）	叶绿素 b（mg·g⁻¹DW）	叶绿素 a/b
对照	5.12±0.15Bb	3.85±0.1Bc	1.27±0.04Cc	3.04±0.02Aa
遮荫 50%	8.84±0.22Aa	6.34±0.14Aa	2.51±0.08Bb	2.53±0.04Bb
遮荫 85%	8.68±0.08Aa	5.97±0.07Ab	2.71±0.01Aa	2.20±0.13Cc

不同类型花生苗期遮荫，除龙生型花生的叶绿素 a 和对照相差不大外，其他类型花生功能叶片的叶绿素 a 及叶绿素 b 增加，叶绿素 a/b 降低（表 4-6）。

表 4-6　遮荫对不同类型花生叶绿素含量的影响

类型	叶绿素 a（mg·g⁻¹DW）		叶绿素 b（mg·g⁻¹DW）		叶绿素 a/b	
	遮荫	对照	遮荫	对照	遮荫	对照
龙生型	7.32	7.33	2.54	2.42	2.88	3.03
多粒型	9.36	8.81	3.79	3.22	2.47	2.73
珍珠豆型	9.38	9.28	3.42	3.06	2.74	3.03
普通型	10.00	8.04	3.35	2.66	2.99	3.03
中间型	11.98	11.63	3.64	3.22	3.29	3.61

5. 光合关键酶

RuBP 羧化酶是光合作用的关键酶，其活性的高低对光合碳同化能力具有重要的影响，进而影响光合速率。吴正锋等（2014）研究表明花生 RuBP 羧化酶活性受光照强度的影响品种间存在差异，随光照强度的降低两花生品种的 RuBP 羧化酶活性均呈降低的趋势，弱光对'白沙 1016'品种 RuBP 羧化酶活性的影响大于'花育 22'。'花育 22'的 RuBP 羧化酶活性在遮荫 50% 和遮荫 85% 处理下与对照相差不大，而'白沙 1016'在遮荫 50% 和遮荫 85% 处理下的 RuBP 羧化酶活性显著低于对照（图 4-3）。

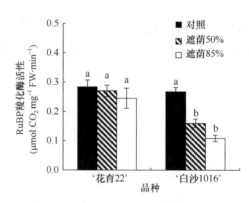

图 4-3　弱光对花生功能叶片 RuBP 羧化酶活性的影响

图中小写字母表示差异显著（$P < 0.05$），具有相同字母的数值间差异不显著

6. 叶绿体超微结构

大量研究表明，遮荫不仅会造成作物光合生产能力的降低，而且会对光合器官的结构产生影响（Ivanova et al.，2008；Huang et al.，2011；Yamazaki and Shinomiya，2013）。长期生活在弱光条件下的植物具有阴生叶的特点，叶绿体根

据光线的强弱做出形态的调整，甚至发生结构的变化以增强对弱光的吸收利用能力（Wada et al.，2003；Niinemets，2010）。

（1）弱光胁迫对叶绿体的数目和形态的影响

弱光胁迫对花生叶绿体数具有显著影响。随光照强度的降低花生叶肉细胞内的叶绿体数呈减少的趋势，遮荫 50%处理下生长的两花生品种的叶绿体数和对照差异不大，当遮荫 85%时叶绿体数均比对照显著降低，'白沙 1016'和'花育 22'单位细胞内的叶绿体分别减少 2.7 个和 3.7 个，降幅分别为 18.6%和 23.3%。弱光对叶绿体形态的影响因光照强度和品种有所不同，遮荫 50%处理两个花生品种叶绿体变长，但遮荫 85%处理'白沙 1016'的叶绿体变圆，而'花育 22'变长（表 4-7，图 4-4）。

表 4-7　遮荫对花生叶片叶绿体数目和形状的影响

品种	处理	叶绿体数（个·细胞⁻¹）	叶绿体长（μm）	叶绿体宽（μm）
'白沙 1016'	对照	14.5±2.6a	5.6±1.4b	2.4±0.4b
	遮荫 50%	14.3± 2.1a	6.7±1.3a	2.7±0.4b
	遮荫 85%	11.8±2.1b	5.6±1.0b	3.3±0.8a
'花育 22'	对照	15.9±2.5a	5.1±1.6b	2.8±0.6a
	遮荫 50%	14.6±2.4a	6.1±1.1a	2.6±0.5 ab
	遮荫 85%	12.2±3.4b	6.3±1.0a	2.4±0.7b

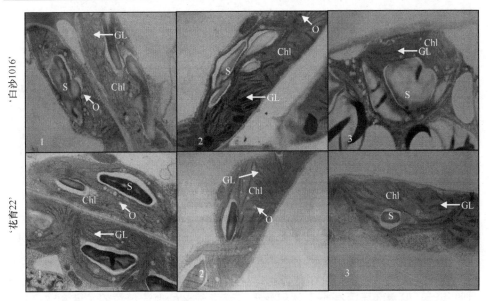

图 4-4　不同光照强度对花生叶绿体超微结构（×10⁴）的影响

S. 淀粉粒；GL. 基粒片层；O. 嗜锇颗粒；Chl. 叶绿体；1. 自然光照；2. 遮荫 50%；3. 遮荫 85%

（2）弱光胁迫对叶绿体超微结构的影响

随光照强度的降低，叶绿体内的基粒数呈现先增加后减少的趋势，遮荫 50% 处理下'花育 22'的基粒数有增多的趋势但未达显著水平，'白沙 1016'叶绿体内的基粒数比对照多 10 个，增加了 27.3%，达显著水平，说明适度遮荫有利于花生叶绿体基粒的形成；当遮荫 85% 时，两花生品种的叶绿体基粒数与对照相比显著减少，'花育 22'和'白沙 1016'分别减少 5.9 个和 10.2 个，降幅分别为 15.7% 和 27.8%（表 4-8）。

与对照相比，'花育 22'基粒片层数随光强的减弱显著增加，遮荫 50% 和遮荫 85% 处理分别增加 47.8% 和 121.7%；'白沙 1016'基粒片层数在遮荫 50% 处理增加 16.7%，但遮荫 85% 处理减少 38.9%，说明严重弱光胁迫时'花育 22'的基粒片层发育仍然良好，而'白沙 1016'的基粒片层发育不完善（表 4-8）。

表 4-8 遮荫对花生叶片基粒数和基粒片层数的影响

品种	处理	基粒数	基粒片层数
'白沙 1016'	对照	36.6±8.2b	3.6±1.1b
	遮荫 50%	46.6±5.2a	4.2±1.4a
	遮荫 85%	26.4±6.9c	2.2±0.8c
'花育 22'	对照	37.6±9.0a	2.3±0.7c
	遮荫 50%	40.9±9.1a	3.4±0.8b
	遮荫 85%	31.7±4.9b	5.1±2.1a

花生功能叶片细胞超微结构图显示，与正常光照相比，遮荫 50% 处理两花生品种栅栏组织细胞的叶绿体发育好，基粒片层多；但当遮荫 85% 时，叶绿体膜和基粒发育不完全，基粒片层断裂破损模糊不清，两花生品种相比，严重弱光胁迫对'花育 22'叶绿体超微结构的影响程度小于'白沙 1016'（图 4-5）。

弱光下'花育 22'叶绿体内淀粉粒数显著减少，遮荫 50% 和遮荫 85% 分别比对照减少 19.4% 和 31.5%；而不耐荫花生品种'白沙 1016'叶绿体内淀粉粒呈增加的趋势，遮荫 50% 处理和对照相差不大，而遮荫 85% 处理淀粉粒数增加 55.7%，达显著水平。淀粉粒的大小也随光照强度的降低发生变化，'花育 22'遮荫 50% 下淀粉粒宽度和对照相近，但长度显著增加，体积变大，遮荫 85% 处理淀粉粒的长度和宽度均减小，体积变小；而'白沙 1016'在遮荫 50% 处理下淀粉粒长度和对照相近，但宽度显著减小，体积变小，遮荫 85% 处理淀粉粒的长度和宽度均显著增加，体积增大（表 4-9）。

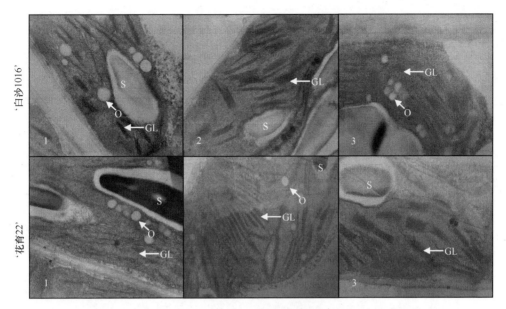

图 4-5　不同光照强度对花生叶绿体超微结构（2.5×10⁴）的影响

S. 淀粉粒；GL. 基粒片层；O. 嗜锇颗粒；1. 自然光照；2. 遮荫 50%；3. 遮荫 85%

表 4-9　遮荫对花生叶片淀粉粒数目和形状的影响

品种	处理	淀粉粒数	淀粉粒长（μm）	淀粉粒宽（μm）
	对照	19.2±5.2b	2.1±0.9b	0.9±0.4b
'白沙 1016'	遮荫 50%	19.7±5.9b	1.7±0.9b	0.4±0.2c
	遮荫 85%	29.9±6.6a	2.8±0.9a	1.3±0.6a
	对照	22.2±5.3a	1.3±0.5b	0.6±0.2a
'花育 22'	遮荫 50%	17.9±5.9b	2.0±1.1a	0.5±0.2ab
	遮荫 85%	15.2±5.5b	1.0±0.3b	0.5±0.1b

7. 活性氧清除酶活性

植物细胞内的超氧化物歧化酶、过氧化物酶、过氧化氢酶等保护酶活性是衡量植物受逆境胁迫产生应答机制的重要指标。李应旺等（2010）研究表明苗期遮荫，花生叶片超氧化物歧化酶、过氧化物酶、过氧化氢酶等光合器官保护酶活性降低，五大类型花生间比较，龙生型花生的超氧化物歧化酶、过氧化物酶、过氧化氢酶活性下降幅度最小；普通型下降幅度最大。由此推断，弱光胁迫龙生型花生的光合器官保护酶受影响最小，耐荫性强，而普通型花生耐荫性最差（表 4-10）。

表 4-10 遮荫对不同类型花生叶片活性氧清除酶的影响

类型	超氧化物歧化酶活性 (U·g⁻¹ FW)		过氧化物酶活性 (ΔA4700 min⁻¹·g⁻¹ FW)		过氧化氢酶活性 (Δ240 min⁻¹·g⁻¹ FW)	
	遮荫	对照	遮荫	对照	遮荫	对照
多粒型	177.45	201.4	53.0	70.84	3.49	4.42
珍珠豆型	191.77	215.90	47.75	79.17	2.74	5.89
龙生型	173.23	177.64	76.00	82.34	4.47	5.25
普通型	132.57	164.1	54.75	104	1.56	4.69
中间型	160.04	169.24	48.50	79.67	3.66	4.28

8. 光合诱导

（1）弱光胁迫对光合碳同化诱导过程的影响

当光合器官叶片由暗处转移到强光下，净光合速率要经过一个逐步增高的过程后达到稳态水平，这个光合速率逐步增高的过程叫光合作用的光合诱导过程。弱光和自然光照强度下生长的花生由暗处突然转到 1300 μmol·m⁻²·s⁻¹ 的强光下，叶片的气孔导度及光合速率都需要一个适应过程，两种光强处理下生长的叶片适应过程快慢有所不同。生长在自然光照强度下的花生光合速率上升速度快，20 min 左右达到最大值，最大值为 14.5 μmol CO₂·m⁻²·s⁻¹；生长在弱光下的花生叶片光合速率上升慢，到达峰值的时间长，约 40 min 达到最大值，最大值为 7.1 μmol CO₂·m⁻²·s⁻¹，约为自然光照强度的 49.0%，气孔导度、蒸腾速率变化规律基本和光合速率的趋势相同；从胞间二氧化碳浓度的变化来看，两种光强花生叶片胞间 CO_2 浓度（C_i）值均呈逐步降低的趋势，自然光照下生长的花生叶片的 C_i 值降低速度快，稍有回升后逐渐稳定到 220 μmol·mol⁻¹，而弱光下生长的叶片 C_i 值降低速度慢，最终稳定在 250 μmol·mol⁻¹左右，高于对照，这可能与弱光下叶肉细胞同化 CO_2 的能力较低有关（图 4-6）。

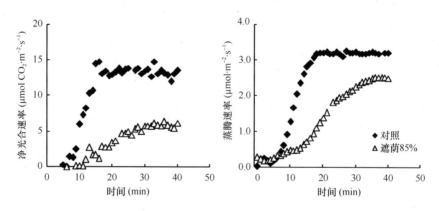

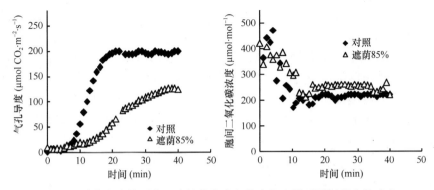

图 4-6 遮荫和自然强光下生长的花生气体交换参数对瞬间强光的响应

（2）弱光胁迫对光化学效率诱导过程的影响

由图 4-7 可知，生长在弱光和自然光照下的花生叶片由暗处突然转到 2050 $\mu mol \cdot m^2 \cdot s^{-1}$ 强光下，PSII 的实际光化学效率（Φ_{PSII}）呈逐渐升高的趋势，F'_m 逐渐降低。自然光强下生长的花生叶片的 Φ_{PSII} 值上升速度快，到达峰值的时间早，F'_m 降到稳定状态的时间早；而遮荫 85% 处理花生叶片的 Φ_{PSII} 值上升速度慢，到达峰值的时间比对照晚，F'_m 下降幅度大，达到稳定状态的时间显著晚于对照且稳定

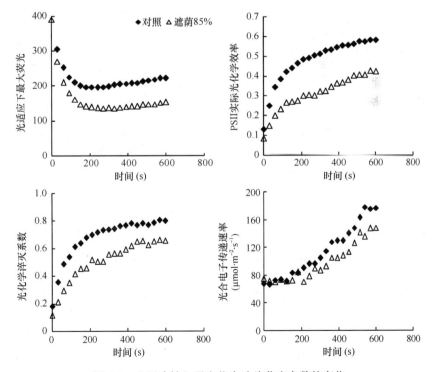

图 4-7 由黑暗转入强光花生叶片荧光参数的变化

状态 F'_m 值低于对照，光化学猝灭系数 qP 和光合电子传递速率上升慢，最终 qP 和光合电子传递速率小于对照。

结果表明，花生由暗处转到强光下 PSII 的实际光化学效率（Φ_{PSII}）接近于零，激发能在最大限度上以荧光的形式发射，随后由于光合电子传递（ETR）的进行，激发能用于光合碳同化，作用中心部分打开，产生光化学猝灭，Φ_{PSII} 和 ETR 值逐渐升高，弱光下生长的花生叶片两者上升慢，F'_m 下降幅度大，达到稳定状态的时间显著晚于对照。

9. 遭遇强光后光合作用的光抑制

植物长期生活在弱光条件下，表现阴生叶的特点，当光照强度由弱转强之后，遮荫下生长的植株比正常光强下生长的植株更易发生光抑制或光破坏（杨兴洪等，2001）。光抑制的特征是光合效率的降低，F_v/F_m 是衡量光抑制程度大小的重要指标。由图 4-8 可看出，遮荫解除当天遮荫和自然光照下生长的花生 F_v/F_m 日变化均呈倒抛物线型，花生 F_v/F_m 早晨傍晚较大，中午强光下的较小。不同光照条件比较，遮荫程度越大，强光下的 F_v/F_m 越低，遮荫 85% 处理的 F_v/F_m 降低幅度最大，傍晚时没有完全恢复到对照水平。由此看出，强光下，花生叶片存在光合作用发生光抑制，且遮荫程度愈高，光抑制愈严重，遮荫 85% 处理可能发生了光破坏。其原因可能是重度遮荫（遮荫 85%）花生叶片碳同化能力较低，突然暴露于强光下从光系统传递过来的光合电子不能够完全被同化，部分传给活性氧，形成了超氧阴离子，超氧阴离子造成光合系统反应中心和光合膜的破坏，降低了光化学效率。

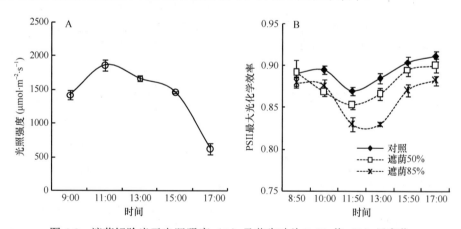

图 4-8　遮荫解除当天光照强度（A）及花生叶片 F_v/F_m 值（B）日变化

10. 弱光胁迫解除后花生生理恢复规律

作物叶片突然从弱光环境暴露于强光下有个光合恢复期，进而植株逐渐恢复生长。

（1）光合恢复规律

净光合速率　遮荫花生遮荫解除后功能叶净光合速率持续降低，5天左右降至最低，和对照相比，遮荫50%处理和遮荫85%处理净光合速率分别降低10.9%～17.0%和38.0%～47.7%。遮荫解除5天后，净光合速率逐渐恢复，遮荫50%和遮荫85%两处理分别于遮荫解除后10天和20天左右恢复到对照水平（图4-9A）。

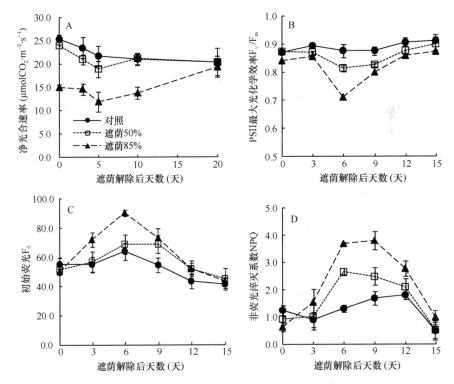

图4-9　遮荫解除后花生净光合速率（A）、PSII最大光化学效率 F_v/F_m（B）、
初始荧光 F_0（C）和非荧光猝灭系数 NPQ（D）动态变化

叶绿素荧光参数　叶绿素荧光参数是反映植物光合效率的重要参数。遮荫花生叶片 PSII 原初光能转化效率 F_v/F_m 遮荫解除后前6天内降低，6天后逐渐升高，遮荫50%和遮荫85%处理分别于遮荫解除后12天和15天左右恢复到对照水平（图4-9B）。初始荧光 F_0 遮荫解除后迅速增加后降低；不同处理间比较，遮荫50%和遮荫85%处理 F_0 分别在遮荫解除后9天和6天最大，均于遮荫解除后12天左右恢复到对照水平（图4-9C）。非荧光猝灭系数遮荫解除后的变化趋势同 F_0，非荧光猝灭系数到达峰值的时间为遮荫解除后6～7天，遮荫越重峰值越高，恢复到

对照水平的时间越晚，遮荫 50% 和遮荫 85% 处理分别于遮荫解除后 12 天和 15 天恢复到对照水平（图 4-9D）。

可溶性蛋白含量　与正常光照相比，遮荫花生叶片可溶性蛋白含量显著降低。遮荫解除后，可溶性蛋白含量逐步增加，遮荫解除 5 天之后，各处理间差异逐渐变大，各处理可溶性蛋白含量表现为遮荫 85%＞遮荫 50%＞对照，遮荫解除后 20 天，遮荫 85% 和遮荫 50% 处理的可溶性蛋白含量分别比对照高 85.9% 和 27.4%（图 4-10）。

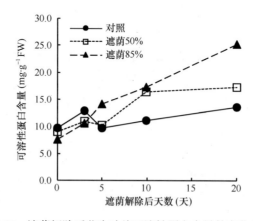

图 4-10　遮荫解除后花生叶片可溶性蛋白含量的变化动态

RuBP 羧化酶活性　遮荫花生叶片 RuBP 羧化酶活性显著降低，遮荫越重其活性越低。遮荫解除后 5 天内，RuBP 羧化酶活性持续降低，遮荫 50% 和遮荫 85% 处理分别降低 32.0% 和 29.7%；5 天后逐步上升，遮荫 50% 和遮荫 85% 处理分别于遮荫解除后 8 天和 10 天左右恢复到对照水平，10 天后遮荫花生 RuBP 羧化酶活性高于对照（图 4-11）。遮荫解除后 5 天内光合系统有可能受到了活性氧的攻击。

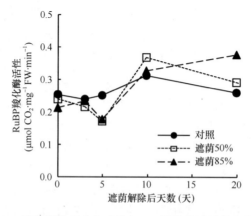

图 4-11　遮荫解除后花生叶片 RuBP 羧化酶活性的变化动态

（2）活性氧的产生与清除

超氧阴离子的产生速率 为探明遮荫光合系统是否受到活性氧的攻击，我们进一步研究了遮荫解除后超氧阴离子的产生速率变化。由图 4-12A 可知，遮荫处理对超氧阴离子的产生具有重要的影响，遮荫条件下，超氧阴离子的产生速率较低，遮荫解除后迅速上升，5 天达到最大值，遮荫越重，超氧阴离子的产生速率上升越快，之后超氧阴离子的产生速率逐渐降低，10 天左右降低到对照水平。由此可见，遮荫花生转入强光后发生的光抑制与超氧阴离子等活性氧的产生有关。

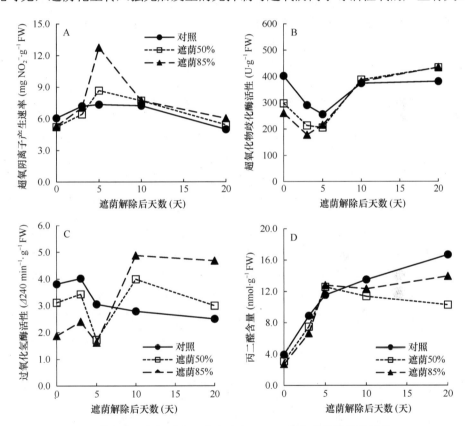

图 4-12 遮荫解除后超氧阴离子产生速率（A）、超氧化物歧化酶活性（B）、
过氧化氢酶活性（C）和丙二醛含量（D）变化

活性氧清除酶活性 遮荫条件下花生功能叶片的活性氧清除酶活性较低，遮荫越重活性越低，遮荫 50%和遮荫 85%处理超氧化物歧化酶活性分别比对照低26.0%和 35.2%，过氧化氢酶活性分别比对照低 18.4%和 50.9%。遮荫解除后叶片超氧化物歧化酶活性迅速降低，3 天左右最低，之后逐渐恢复，遮荫解除后 5～7 天恢复到对照水平，之后遮荫处理叶片的超氧化物歧化酶活性始终高于对照

（图 4-12 B）。叶片过氧化氢酶活性遮荫解除后先降低后逐步恢复，7～8 天恢复到对照水平，10 天左右最大；不同处理间比较，遮荫解除后前 3 天，各处理间差异显著，遮荫越重过氧化氢酶活性越低，5 天左右时各遮荫处理均降至相同水平，之后遮荫 85% 的过氧化氢酶活性的上升速度要高于遮荫 50% 处理（图 4-12C）。

丙二醛含量 丙二醛是膜质过氧化产物。与自然光相比，遮荫花生功能叶片丙二醛含量较低，遮荫解除后随光线的增强迅速上升，5 天左右遮荫 50% 和遮荫 85% 处理的丙二醛含量分别比对照高 9.0% 和 10.9%，5 天之后，对照和遮荫 85% 处理的 MDA 含量呈增加的趋势，遮荫 50% 处理 MDA 含量呈降低的趋势，遮荫解除后 20 天，遮荫 50% 和遮荫 85% 处理的丙二醛含量分别比对照低 38.3% 和 16.8%（图 4-12 D）。结果表明，随叶片的衰老自然强光下的花生叶片的膜质过氧化程度加重，而遮荫花生由于补偿性生长叶片的衰老减缓，膜质过氧化程度低。

二、弱光胁迫对花生生长发育及荚果产量的影响

花生植株的生长包括营养生长和生殖生长，营养生长是生殖生长的基础。

1. 营养生长

（1）植株性状

苗期弱光胁迫花生单株叶面积显著降低，两品种遮荫 50% 和遮荫 85% 处理平均降低 48.7% 和 76.6%；花生幼苗侧枝数显著减少，但主茎高显著增长，'花育 22' 遮荫 50% 和遮荫 85% 处理主茎高分别增加 38.1% 和 83.81%，'白沙 1016' 两处理分别增加 64.71% 和 88.71%，进一步研究表明苗期弱光胁迫两花生品种主茎 5～7 节间显著伸长（图 4-13）。两品种相比，'白沙 1016' 受弱光胁迫影响更大（表 4-11）。花生的第一、二对侧枝是花生的主要结果枝，苗期遮荫能显著促

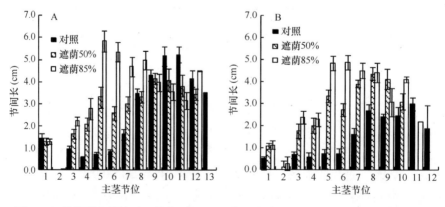

图 4-13　苗期弱光胁迫对'花育 22'（A）和'白沙 1016'（B）主茎节间长的影响

表 4-11 苗期弱光胁迫对花生植株性状的影响

品种	处理	叶片数	比叶重(mg·cm⁻²)	叶面积(cm²)	侧枝数	主茎高(cm)	侧枝长(cm)
'花育22'	对照	8.67Aa	6.68Aa	1122.39Aa	10.60Aa	14.08Cc	16.86Ab
	遮荫50%	8.00Aab	5.13Bb	586.33Bb	7.50Bb	19.45Bb	20.25Aab
	遮荫85%	7.33Ab	4.04Cc	301.53Cc	4.00Cc	25.88Aa	21.04Aa
'白沙1016'	对照	10.00Aa	5.80Aa	935.39Aa	5.60Aa	15.33Bc	19.03ABa
	遮荫50%	8.50Ab	4.72Bb	470.43Bb	4.60Bb	25.25Ab	23.00Aa
	遮荫85%	8.17Bb	3.37Cc	187.30Cc	2.00Cc	28.93Aa	15.40Bb

进主茎节间的伸长,抑制侧枝发育。在小麦套种花生两熟制栽培中,小麦花生共生期间,花生侧枝发育不良可能是造成花生花量减少、荚果发育延迟、荚果产量降低的主要原因。因此,生产中麦收后及时采取措施促进侧枝,尤其是第一对侧枝的发育对麦套花生高产栽培意义重大。麦收获后尽早施肥、浇水,能显著提高花生光合特性,促进植株发育,可作为促进麦套花生幼苗恢复健壮生长的重要措施。

由表 4-11 可知,遮荫显著降低叶面积,遮荫时间越长叶面积减少越严重。遮荫 30 天,'花育 22'的叶面积为对照的 58.5%,而遮荫 60 天处理的叶面积只有对照的 41.3%;'白沙 1016'的叶面积减少幅度更大,遮荫 30 天时为对照的 49.2%,而遮荫 45 天时仅为对照的 22.5%,遮荫 60 天降到 18.2%。另外,弱光胁迫侧枝数显著降低,但弱光持续时间的影响不大,持续时间长侧枝数占对照的比例反而有所增加(表 4-12),这可能因为花生品种的侧枝数主要由品种决定,到一定时期正常生长的侧枝数停止增加,而遮荫下植株的侧枝数仍在增加所致。弱光胁迫对叶龄数影响不大,而主茎高和侧枝长显著增加,株型指数有所降低,出现高脚苗现象。

表 4-12 弱光持续时间对遮荫解除时植株性状的影响

品种	遮荫天数	叶龄数(%)	叶面积(%)	侧枝数(%)	主茎高(%)	侧枝长(%)	株型指数(%)
'花育22'	遮荫30天	98.2	58.5	40.9	286.5	197.3	68.9
	遮荫45天	95.7	63.0	55.6	281.6	153.2	54.4
	遮荫60天	105.1	41.3	49.2	168.2	118.8	70.6
'白沙1016'	遮荫30天	84.1	49.2	32.5	338.9	172.6	50.9
	遮荫45天	90.0	22.5	39.6	235.9	168.8	71.6
	遮荫60天	93.8	18.2	46.2	181.6	126.9	69.9

注:数值均为各遮荫处理占对照相应指标的百分率(%),遮荫强度为遮荫 50%

（2）植株干重

苗期弱光胁迫花生植株各器官的干物质积累速率显著降低，弱光胁迫末期，两品种遮荫 50%和遮荫 85%处理的花生植株总干重平均比对照降低 6.52g·株$^{-1}$和 9.83g·株$^{-1}$，花生根/冠升高，侧枝/主茎降低（表 4-13）。说明苗期弱光胁迫对花生地上部分干重的影响大于对根的影响，而地上部分中，对侧枝的影响大于对主茎的影响。两品种相比，苗期弱光胁迫对'花育 22'的影响小于'白沙 1016'。

表 4-13　弱光胁迫对花生单株干物质重与分布的影响

品种	处理	根（g·株$^{-1}$）	茎（g·株$^{-1}$）	叶（g·株$^{-1}$）	总干重（g·株$^{-1}$）	根/冠	侧枝/主茎
	对照	0.50Aa	4.78Aa	5.20Aa	10.49Aa	0.046Ab	4.05Aa
'花育 22'	遮荫 50%	0.23Bb	2.11Bb	2.13Bb	4.46Bb	0.053Aab	1.88Bb
	遮荫 85%	0.08Cc	0.75Cc	0.64Cc	1.47Cc	0.061Aa	0.55Cc
	对照	0.72Aa	6.03Aa	6.63Aa	13.38Aa	0.056Aab	5.23Aa
'白沙 1016'	遮荫 50%	0.37Bb	2.97Bb	3.02Bb	6.36Bb	0.062Aa	2.76Bb
	遮荫 85%	0.17Cc	1.38Cc	1.20Cc	2.74Cc	0.065Aa	1.21Cc

由表 4-14 可看出，成熟期花生的植株总干重随遮荫时间延长呈逐步降低的趋势，遮荫 30 天花生的植株干物质重与对照差异不大，遮荫 45 天和遮荫 60 天植株总干重显著降低；遮荫 45 天，'花育 22'和'白沙 1016'植株总干重分别降低 37.3%和 27.8%；遮荫 60 天两品种分别降低 49.4%和 56.2%。花生单株荚果重随遮荫时间的延长逐步降低，'花育 22'遮荫 30 天的单株荚果重和对照处理差异不显著，遮荫 45 天和遮荫 60 天的荚果产量显著低于对照，而'白沙 1016'遮荫处理

表 4-14　弱光持续时间对花生干物质量的影响

品种	处理	根（g·株$^{-1}$）	茎（g·株$^{-1}$）	叶（g·株$^{-1}$）	荚果（g·株$^{-1}$）	果针（g·株$^{-1}$）	总干重（g·株$^{-1}$）	经济系数
	对照	0.53a	10.55a	3.54a	22.47a	1.43a	38.52a	0.58a
'花育 22'	遮荫 30 天	0.57a	9.38ab	3.84a	21.20a	0.72b	35.71a	0.59a
	遮荫 45 天	0.41a	7.57b	3.73a	14.54b	0.52b	24.16b	0.55a
	遮荫 60 天	0.52a	7.23b	3.41a	8.06c	0.30b	19.51b	0.41b
	对照	0.48a	9.56a	3.35a	20.64a	1.08a	35.11a	0.59a
'白沙 1016'	遮荫 30 天	0.49a	11.68a	4.62a	15.70b	0.83ab	33.32a	0.47a
	遮荫 45 天	0.57a	10.16b	4.49a	9.48c	0.64bc	25.35b	0.55a
	遮荫 60 天	0.21b	4.21b	1.73a	7.74c	0.32c	15.39c	0.38b

注：遮荫强度为遮荫 50%

的荚果产量均显著低于对照，遮荫 30 天、遮荫 45 天和遮荫 60 天单株荚果重分别比对照降低 23.9%、54.0% 和 62.5%。遮荫对花生经济系数影响不大，除遮荫 60 天和对照处理差异显著外，其余遮荫处理和对照差异不显著，说明荚果产量降低的原因主要是由于生物量的降低而引起的。遮荫 30 天的处理，花生根、茎、叶等营养体生物量与对照差异不显著，遮荫 45 天花生茎干重显著降低，而根叶干重与对照差异不显著，遮荫 60 天两品种的茎干重显著降低，'白沙 1016'的根干重显著低于对照，'花育 22'和对照差异不显著，遮荫 60 天两品种叶片干重和对照差异不显著，这说明遮荫主要影响茎的生长发育，对根和叶的影响较小。

2. 生殖生长

苗期弱光胁迫使'花育 22'和'白沙 1016'盛花期延迟，遮荫 50% 两花生品种盛花期均为出苗后 40 天左右，大约比对照晚 10 天，遮荫 85% 处理两品种盛花期均为出苗后 70 天左右，比对照晚 40 天；苗期弱光胁迫，花生单株开花量均显著减少，与对照相比，遮荫 50% 处理'花育 22'单株开花量减少 36.2%，'白沙 1016'减少 46.3%，遮荫 85% 处理两品种单株开花量降低幅度相差不大（图 4-14）。

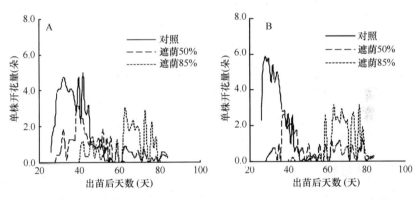

图 4-14　弱光胁迫对'花育 22'（A）和'白沙 1016'（B）开花动态的影响

3. 弱光胁迫解除后花生植株的生长发育

（1）植株干物质积累

无论遮荫与否，花生全生育期单株干物质积累动态（图 4-15）可用 Logistic 方程拟合，其相关系数 R^2=0.9865～0.9957（表 4-15）。弱光胁迫的处理，胁迫解除后单株干物质积累速率逐渐恢复，胁迫越重恢复越慢。遮荫 50% 处理下，'花育 22'和'白沙 1016'的干物质积累速率峰值分别于胁迫解除后 19 天和 22 天恢复到对照水平，而遮荫 85% 的处理，两品种分别于胁迫解除后 34 天和 38 天恢复到对照水平；苗期弱光胁迫同时影响了植株干物质积累速率峰值和最终的干物质积累量，遮荫越重，降幅越大。

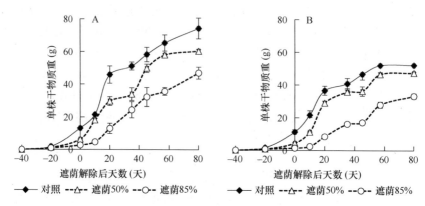

图 4-15　遮荫对'花育 22'（A）和'白沙 1016'（B）干物质积累的影响

表 4-15　植株干物质积累动态模拟方程

品种	处理	模拟方程	R^2	干物质积累速率峰值 （g·株$^{-1}$·天$^{-1}$）	积累速率峰值出现的 时间（天）
	对照	$\hat{y}=71.13/(1+66.96\times e^{-0.072x})$	0.9896	1.27	59
'花育 22'	遮荫 50%	$\hat{y}=63.18/(1+75.26\times e^{-0.065x})$	0.9905	1.03	68
	遮荫 85%	$\hat{y}=47.44/(1+198.98\times e^{-0.07x})$	0.9957	0.83	76
	对照	$\hat{y}=51.08/(1+106.43\times e^{-0.087x})$	0.9947	1.12	53
'白沙 1016'	遮荫 50%	$\hat{y}=45.23/(1+267.92\times e^{-0.094x})$	0.9865	1.07	59
	遮荫 85%	$\hat{y}=35.83/(1+220.97\times e^{-0.066x})$	0.9918	0.60	81

注：$\hat{y}$ 为单株模拟干重，x 为出苗后天数

（2）叶面积指数

弱光胁迫解除后花生叶面积指数的变化动态因胁迫时遮荫程度而异。遮荫 50%的处理，遮荫解除后花生叶面积指数增长恢复较快，'花育 22'遮荫解除后 40 天左右恢复到对照水平，'白沙 1016'遮荫解除后 35 天左右最大，55 天左右与对照水平相当。而遮荫 85%处理，遮荫解除后两花生品种 10 天内叶面积指数增长速度较小，然后逐步增长，'花育 22'叶面积的增长速度大于'白沙 1016'（图 4-16）。

成熟期花生主茎高各处理间差异不显著，遮荫 50%处理花生侧枝长和株型指数与对照差异不显著，侧枝数'花育 22'与对照差异不显著，而'白沙 1016'差异显著，而遮荫 85%显著低于对照。结果表明与对照相比，遮荫 50%处理胁迫解除后花生的主茎高的增长速度较小，但侧枝长和侧枝数增长速度较大，而重度遮荫侧枝数未恢复到对照水平（表 4-16）。

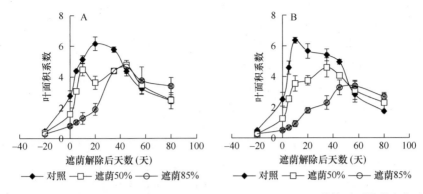

图 4-16　弱光胁迫解除后'花育 22'（A）和'白沙 1016'（B）单株叶面积的变化动态

表 4-16　成熟期植株性状

品种	处理	主茎高（cm）	侧枝长（cm）	株型指数	侧枝数
'花育 22'	对照 CK	59.1Aa	64.0Aa	1.08Aa	10.8Aa
	遮荫 50%	53.8Aa	57.0Aa	1.10Aa	10.0Aa
	遮荫 85%	63.9Aa	50.2Bb	0.79Bb	7.3Bb
'白沙 1016'	对照 CK	62.7Aa	67.4Aa	1.08Aa	11.0Aa
	遮荫 50%	58.0Aa	59.1Aa	1.02Aa	7.7Bb
	遮荫 85%	59.3Aa	43.3Bb	0.73Bb	8.0Bb

（3）产量及产量性状

吴正锋等（2008）研究表明，苗期弱光胁迫花生的荚果产量显著降低，遮荫越重，产量降低越大。遮荫 50%处理的荚果产量降低 7.9%～8.0%，而遮荫 85%处理荚果产量降低 31.68%～40.72%。遮荫对单株果数的影响与产量相似。遮荫 50%的处理百果重、百仁重和经济系数受影响较小，但遮荫 85%的处理三性状显著降低；从产量和单株果数看，遮荫对'花育 22'的影响小于白沙 1016（表 4-17）。

表 4-17　苗期弱光胁迫对花生产量及产量性状的影响

品种	处理	产量(g·hm⁻²)	单株果数(个)	百果重（g）	百仁重（g）	经济系数
'花育 22'	对照	6849Aa	14.2Aa	209.4Aa	80.3Aa	0.527Aa
	遮荫 50%	6301Bb	10.1Bb	200.8Aa	77.7Aa	0.521Aa
	遮荫 85%	4679Cc	7.9Bb	169.1Bb	58.1Bb	0.362Bb
'白沙 1016'	对照	4524Aa	15.5Aa	146.9Aa	58.2Aa	0.449Ab
	遮荫 50%	4166Bb	10.0Bb	147.4Aa	57.4Aa	0.476Aa
	遮荫 85%	2682Cc	8.1Cc	114.0Bb	37.4Bb	0.316Bb

由表4-18可看出，苗期弱光胁迫花生产量显著降低，弱光持续时间越长产量降低幅度越大。遮荫30天，'花育22'的荚果产量降低400 kg·hm^{-2}，为对照的95.38%，产量基本不降低，而'白沙1016'比对照降低1825 kg·hm^{-2}，仅为对照的71.60%；遮荫45天，'花育22'和'白沙1016'的产量分别为对照的65.90%和50.58%；遮荫60天时，花生的荚果产量降低更多，两者的产量分别为对照的36.42%和29.57%。弱光胁迫花生的出米率变化不大，花生单株果数随遮荫时间的延长而逐步减少，花生荚果的百果重、百仁重和饱果率也随弱光持续时间的延长呈逐步降低的趋势，但遮荫30天处理两品种的百果重、百仁重和饱果率均上升，这说明适当弱光胁迫能提高花生的饱果率，增加果的重量，遮荫30天'花育22'的千克果数低于对照也证明上述观点。

表 4-18　弱光持续时间对花生荚果产量及其荚果性状的影响

品种	处理	产量（kg·hm^{-2}）	千克果数（个）	百果重（g）	百仁重（g）	单株果数（个）	饱果率（%）	出米率（%）
'花育22'	对照	8650a	605.0b	203.7ab	80.3a	14.2a	75.4	74.1
	遮荫30天	8250a	600.0b	214.6a	83.5a	13.5a	88.1	73.2
	遮荫45天	5700b	650.0b	194.3b	74.1b	10.1b	77.2	73.9
	遮荫60天	3150c	1015.0a	134.0c	59.6c	7.9b	73.7	68.0
'白沙1016'	对照	6425a	873.3b	146.9ab	58.2a	15.5a	85.2	74.7
	遮荫30天	4600b	907.5b	151.1a	57.1a	14.4a	86.8	73.6
	遮荫45天	3250b	893.3b	143.9b	56.4a	10.0b	78.8	74.4
	遮荫60天	1900c	1162.5a	116.7c	47.7b	6.1c	78.2	73.9

第二节　温度对麦套花生生长生育的影响

采用错期播种法研究了温度对花生出苗、幼苗生长和开花的影响。试验供试花生品种'花育22'，分别于4月13号、4月27号、5月13号、5月25号和6月8号5个时间播种，采用大垄宽幅麦花生套种方式。

一、温度对麦套花生出苗的影响

1. 对出苗速度的影响

温度与花生出苗速度的关系可用指数方程 $y=ae^{bx}$ 描述。温度越高，出苗越快。例如，当出苗期日均温度为14℃左右时，两品种约需22天才能出苗；当出苗期日均温度升至23℃时，约需8天就能出苗。在14～23℃，日均气温每升高1℃，出苗时间约缩短1.5天（图4-17）。

2. 对苗期长短的影响

温度对花生苗期长短影响显著。随温度的增加，花生苗期缩短。二者关系可用直线方程 $y=a+bx$ 来描述，当幼苗期日均温度为 20℃左右时，幼苗期需 28 天；当日均温度升至 23℃左右时，幼苗期只需 23 天。相当于温度每增加 1℃，花生幼苗期缩短 1.7 天（图 4-18）。

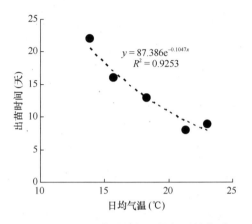

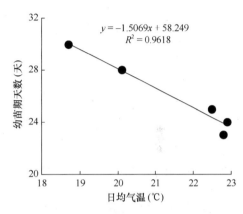

图 4-17　出苗时间与日均气温的关系　　图 4-18　幼苗期持续时间与日均气温的关系

二、温度对麦套花生幼苗期干物质积累和叶面积指数的影响

幼苗期温度对幼苗生长有很大影响。温度高，植株生长快。由表 4-19 可知，当幼苗期日均温度为 22.8℃时，干物质积累速率分别为 3.05 $g\cdot m^{-2}\cdot$天$^{-1}$，叶面积指数日增长率为 0.033，比 20.1℃时分别提高 6.6%和 17.9%。

表 4-19　不同温度条件下麦套花生幼苗期干物质积累速率和叶面积指数日增长率

幼苗期日均气温（℃）	干物质积累速率（g·m²·天⁻¹）	叶面积指数日增长率
20.1	2.86	0.028
22.8	3.05	0.033

三、温度对麦套花生开花的影响

1. 对开花期长短的影响

在一定温度范围内，随温度的增加，花生花期缩短。当日均气温为 22.8℃时，开花期为 46 天，而当温度升至 26.9℃时，花期只有 28 天，比前者减少 18 天，减幅 39.1%。温度与花期的关系可用直线方程 $y=143.29-4.28x$ 表示，根据这一方程，在 22～27℃，日均气温每升高 1℃，花期缩短 3.5 天（图 4-19）。

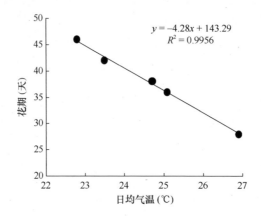

图 4-19　花期与日均气温的关系

2. 对开花量的影响

花生适宜的开花温度为 24～25℃。当开花期日均气温为 25.1℃时开花量最大，每株达到 89.3 朵。当温度>25℃或<24℃时，开花量明显下降。当日均气温为 22.8℃时，开花只有 55.7 朵，比 25.1℃时减少 33.6 朵，减幅达 37.6%；而当温度升至 26.9℃时，开花量也只有 61.2 朵，比 25.1℃时减少 28.1 朵，减幅达 31.5%（图 4-20）。

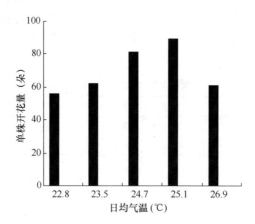

图 4-20　单株开花量与日均温度的关系

第五章　栽培措施对粮油多熟制花生生理特性的影响

第一节　施肥对粮油多熟制花生生理特性的影响

一、施肥对夏直播花生营养特性及衰老的影响

2006 年，大田条件下研究了施肥对夏直播花生营养特性及衰老的影响，试验设 4 个处理。①T1：单施有机肥 6000 kg·hm⁻²；②T2：单施无机肥（纯 N 75 kg·hm⁻²，P_2O_5 90 kg·hm⁻²，K_2O 105 kg·hm⁻²）；③T3：1/2T1 + 1/2T2；④T4 不施肥。

1. 对夏直播花生营养特性的影响

（1）氮含量

由图 5-1 可以看出，不同施肥处理根、茎、叶、籽仁中的氮含量在整个生育过程均高于不施肥处理。根中含氮量有机无机配施处理在出苗后 1 个月内略低于无机肥处理，其他生育阶段均高于无机肥处理；无机肥处理在生育前半期略高于有机肥处理，但在生育后半期则低于有机肥处理。茎中有机无机肥配施和单施有机肥的含氮量在整个生育期中略高于单施无机肥。叶中有机无机肥配施处理含氮量整个生育期均高于无机肥或有机肥处理。籽仁无机肥处理在出苗 75 天前略高于单施有机肥，出苗 75 天后相差不大；籽仁中有机无机肥配施处理含氮量略高于无机肥或有机肥处理，而无机肥与有机肥两处理含氮量相差不大。

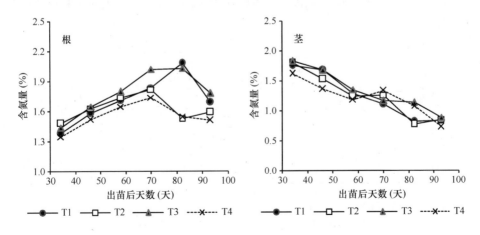

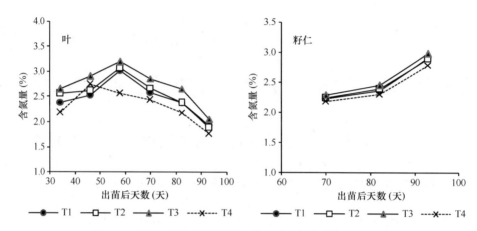

图 5-1 施肥对夏直播花生根、茎、叶、籽仁含氮量的影响

T1. 单施有机肥 6000 kg·hm^{-2}；T2. 单施无机肥（纯 N 75 kg·hm^{-2}，P$_2$O$_5$ 90 kg·hm^{-2}，K$_2$O 105 kg·hm^{-2}）；T3. 1/2T1 + 1/2T2；T4. 不施肥

（2）磷含量

不同施肥处理含磷量均高于不施肥处理，其中有机无机肥配施处理各器官的磷含量最高。根中有机无机肥配施处理含磷量在生育前半期与单施无机肥或有机肥的相差不大，但在生育后半期 T3＞T1＞T2。茎中有机无机肥配施总体上略高于单施无机肥或有机肥，在生育前半期无机肥处理高于有机肥处理，而在生育后半期则低于有机肥处理。叶中有机无机肥配施处理含磷量略高于单施无机肥和单施有机肥，而无机肥与有机肥两处理差异不大。籽仁含磷量在出苗 82 天后快速上升，不同处理含磷量为 T3＞T1＞T2＞T4，但在收获时处理 T1 和 T2 含量相近（图 5-2）。

（3）钾含量

由图 5-3 知，整个生育期内，夏直播花生各器官含钾量，有机无机肥配施处

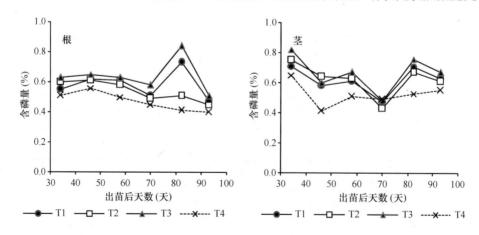

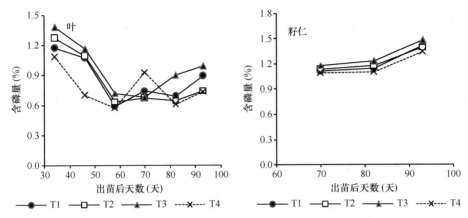

图 5-2　施肥对夏直播花生根、茎、叶、籽仁含磷量的影响

T1. 单施有机肥 6000 kg·hm^{-2}；T2. 单施无机肥（纯 N 75 kg·hm^{-2}，P$_2$O$_5$ 90 kg·hm^{-2}，K$_2$O 105 kg·hm^{-2}）；T3. 1/2T1 + 1/2T2；T4. 不施肥

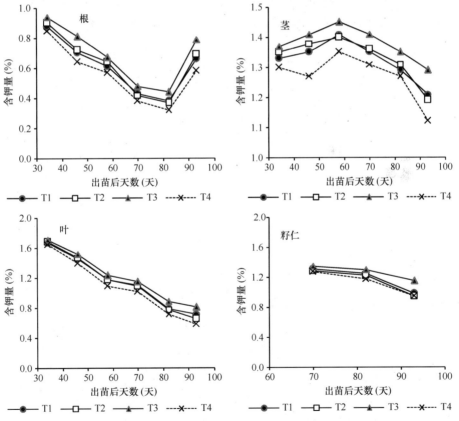

图 5-3　施肥对夏直播花生根、茎、叶、籽仁含钾量的影响

T1. 单施有机肥 6000 kg·hm^{-2}；T2. 单施无机肥（纯 N 75 kg·hm^{-2}，P$_2$O$_5$ 90 kg·hm^{-2}，K$_2$O 105 kg·hm^{-2}）；T3. 1/2T1 + 1/2T2；T4. 不施肥

理的最高，不施肥处理的最低，单施有机肥与单施无机肥两处理差异不大。根含钾量在出苗后 82 天以内呈下降趋势，但在 82 天以后含量急剧上升，有机无机肥配施处理表现尤为明显。茎含钾量总体是前期上升后期降低。叶含钾量整个生育期一直处于缓慢下降趋势，各施肥处理的钾含量差异不明显。籽仁中有机无机肥配施在出苗 82 天后的钾含量下降幅度最小且含量高于其他施肥处理。

2. 对夏直播花生对根系和叶片活力的影响

（1）根系活力

花生根系活力变化与整个植株衰老密切相关。从图 5-4 可以看出，夏直播花生根系活力在生育前期缓慢上升，结荚前期一段时间有所下降，结荚中期达到高峰之后又开始下降，进入饱果期后根系活力已经非常微弱；有机无机肥配施处理的根系活力在整个生育期都高于其他 3 个处理，尤其在结荚以后差异尤为明显；单施无机肥的根系活力在结荚中期以前高于单施无机肥处理，结荚后期差异不明显，进入饱果期后有机肥处理略高于单施无机肥处理；整个生育期中，不施肥的根系活力最低。

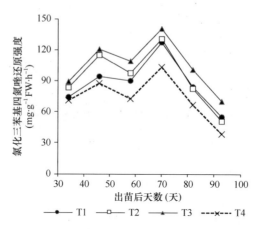

图 5-4　施肥对夏直播花生根系活力的影响

T1. 单施有机肥 6000 kg·hm^{-2}；T2. 单施无机肥（纯 N 75 kg·hm^{-2}，P$_2$O$_5$ 90 kg·hm^{-2}，K$_2$O 105 kg·hm^{-2}）；T3. 1/2T1 + 1/2T2；T4. 不施肥

（2）叶绿素含量

叶绿素是重要的含氮化合物，其含量降低是花生叶片衰老的主要标志。从图 5-5A 可以看出，夏花生叶片中叶绿素含量在结荚中期达到高峰后急速下降，各个处理的叶绿素含量变化趋势基本相似；有机无机肥配施在各个处理中表现最好，单施无机肥处理的叶绿素含量在结荚中期以前明显高于单施有机肥处理，结荚中

期以后单施有机肥处理的叶绿素含量略高于单施无机肥处理；不施肥处理的叶绿素含量在生育后期下降速度明显高于施肥处理。

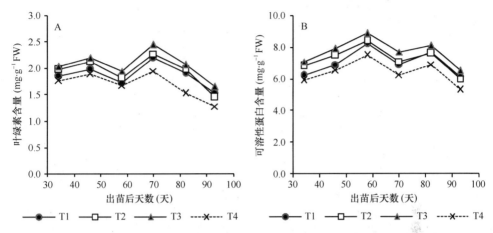

图 5-5　施肥对夏直播花生叶片叶绿素（A）及可溶性蛋白含量（B）的影响

T1. 单施有机肥 6000 kg·hm^{-2}；T2. 单施无机肥（纯 N 75 kg·hm^{-2}，P$_2$O$_5$ 90 kg·hm^{-2}，K$_2$O 105 kg·hm^{-2}）；T3. 1/2T1 + 1/2T2；T4. 不施肥

（3）叶片可溶性蛋白质含量

可溶性蛋白是植物体内氮素存在的主要形式，其含量的多少与植物体代谢和衰老有密切的关系，衰老过程中蛋白质含量的下降是由于蛋白质代谢失去了平衡，分解速度超过合成速度所致。从图 5-5B 中可以看出，叶片中可溶性蛋白含量在出苗后 60 天左右达到最高峰，之后下降；施肥处理叶片可溶性蛋白的含量均明显高于对照，其中有机无机肥配施效果最好；单施无机肥在结荚期以前可溶性蛋白含量高于单施有机肥，结荚期以后两处理差异不大。

3. 对活性氧代谢的影响

（1）超氧化物歧化酶活性

超氧化物歧化酶是活性氧消除体系中的关键酶，是防止氧自由基对细胞膜系统造成伤害的保护酶。从图 5-6A 中可以看出，各处理的叶片超氧化物歧化酶活性均在出苗后 60 天左右达到最高峰，之后开始缓慢下降，结荚后期下降速度明显加快；不同处理在进入结荚期以前，超氧化物歧化酶活性差异不大，进入结荚期之后，有机无机肥配施的超氧化物歧化酶活性高于其他 3 个处理，不施肥处理的下降迅速。在生育的前半期，单施无机肥效果好于单施有机肥，而在生育后半期，单施有机肥效果好于单施无机肥，但两处理的差异始终不大。

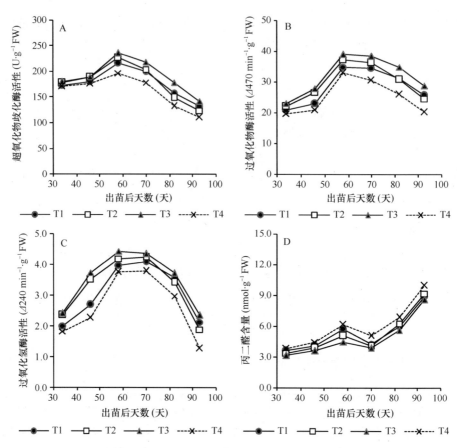

图 5-6　施肥对夏直播花生叶片超氧化物歧化酶活性（A）、过氧化物酶活性（B）、
过氧化氢酶活性（C）、丙二醛含量（D）的影响

T1. 单施有机肥 6000 kg·hm⁻²；T2. 单施无机肥（纯 N 75 kg·hm⁻²，P₂O₅ 90 kg·hm⁻²，
K₂O 105 kg·hm⁻²）；T3. 1/2T1 + 1/2T2；T4. 不施肥

（2）过氧化物酶活性

过氧化物酶是植物脂膜过氧化过程中重要的保护酶，其作用都是消除自由基，防止膜脂过氧化，减轻对植物的伤害或延缓衰老过程。由图 5-6B 可以看出，叶片过氧化物酶活性在出苗后 60 天处于上升状态，之后开始缓慢下降；不同处理间，有机无机肥配施的过氧化物酶活性始终高于其他处理，单施无机肥的处理在生育的前半期过氧化物酶活性与有机无机肥配施的处理相近，但在生育后半期明显低于有机无机肥配施的处理，而与单施有机肥的处理相近。

（3）过氧化氢酶活性

图 5-6C 可以看出，叶片过氧化氢酶活性在整个生育期呈抛物线变化趋势，在

结荚中期达到最高峰，并在最高峰持续时间较长；不同处理有机无机肥配施叶片中的过氧化氢酶活性整个生育期均高于其他处理；单施有机肥处理的过氧化氢酶活性在出苗后的 60 天内低于单施无机肥处理，之后逐步赶上并超过单施无机肥处理，不施肥处理叶片的过氧化氢酶活性整个生育期都低于施肥处理，特别在生育最后阶段过氧化氢酶活性下降速度相当快，活性很低。

（4）丙二醛含量

丙二醛是膜脂过氧化的最终产物，具有很强的毒性，它可与蛋白质或核酸反应，抑制蛋白质的合成；也可与酶反应，使其丧失活性。从图 5-6D 可以看出，花生叶片中丙二醛含量整个生育期整体处于缓慢上升趋势，后期上升速度显著快于前期；整个生育期，有机无机肥配施的叶片中丙二醛的含量最低；结荚中期以前，单施有机肥处理的叶片丙二醛含量高于单施无机肥，但结荚后期和饱果期，单施有机肥叶片的丙二醛含量上升速率和含量均低于单施无机肥。

4. 对叶面积指数和干物质积累的影响

叶面积指数整个生育期呈抛物线变化趋势，在结荚中期达到最高峰，饱果期下降速度最快；在进入结荚期以前，各处理叶面积指数差异不明显，结荚中期以后，不施肥处理的叶面积指数下降速度快，与施肥处理的差距进一步拉大；单施有机肥处理的叶面积指数在结荚中期以前低于单施无机肥处理，结荚中期后高于单施无机肥处理；各处理中有机无机肥配施的叶面积指数整个生育期一直最高（图 5-7A）。

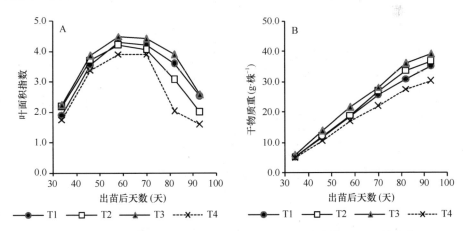

图 5-7　施肥对夏直播花生叶面积指数（A）和干物质累积（B）的影响
T1. 单施有机肥 6000 kg·hm^{-2}；T2. 单施无机肥（纯 N 75 kg·hm^{-2}，P$_2$O$_5$ 90 kg·hm^{-2}，K$_2$O 105 kg·hm^{-2}）；T3. 1/2T1 + 1/2T2；T4. 不施肥

整个生育期，有机无机肥配施的总生物产量始终高于其他处理，单施有机肥和单施无机肥差异不大；施肥处理始终高于不施肥处理（图 5-7B）。

5. 对籽仁营养品质的影响

（1）蛋白质含量

蛋白质含量是花生品质的重要指标。由图 5-8A 可以看出，各个处理籽仁蛋白质含量呈先下降后升高趋势。出苗 75 天左右各施肥处理间蛋白质含量差异不明显；收获时，有机无机肥配施的蛋白质含量明显高于单施无机肥和单施有机肥，而单施无机肥和单施有机肥两处理间无明显差异；在籽仁发育过程中，各施肥处理的蛋白质含量显著高于不施肥处理。

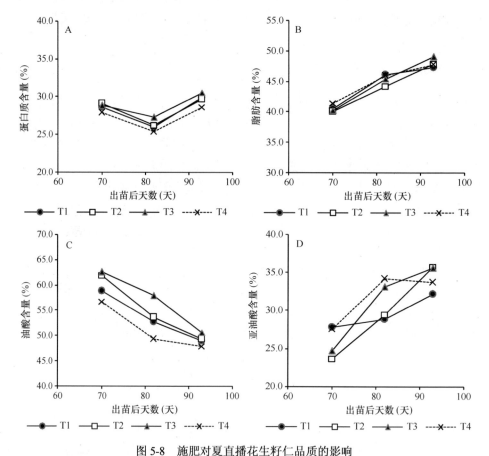

图 5-8　施肥对夏直播花生籽仁品质的影响

T1. 单施有机肥 6000kg·hm^{-2}；T2. 单施无机肥（纯 N 75kg·hm^{-2}，P$_2$O$_5$ 90kg·hm^{-2}，K$_2$O 105 kg·hm^{-2}）；
T3. 1/2T1 + 1/2T2；T4. 不施肥

（2）脂肪含量

籽仁中的脂肪含量是花生品质的另一个重要指标。从图 5-8B 可以看出，各处理籽仁中脂肪含量进入结荚期后迅速上升。出苗后 75 天各施肥处理脂肪含量差异不明显；在收获阶段，有机无机肥配施籽仁中脂肪含量最高，其他三种处理差异不明显。

（3）油酸、亚油酸含量

从图 5-8C 可以看出，籽仁中油酸含量随果实的成熟逐渐降低，有机无机肥配施的油酸含量一直最高，不施肥处理的油酸含量最低。单施无机肥的油酸含量在出苗后 75 天含量高于单施有机肥，但在收获阶段二者差异不明显。籽仁中的亚油酸含量随着果实的成熟逐渐升高，有机无机肥配施和单施无机肥在出苗后 75 天时亚油酸含量略低于单施有机肥和不施肥处理，但在收获阶段有机无机肥配施和单施无机肥的亚油酸含量略高于单施有机肥和不施肥处理（图 5-8D）。

二、施氮对玉米花生间作体系花生生理特性的影响

1. 植株形态特征

玉米花生间作条件下，花生侧根数、根瘤数显著增加，施氮能够显著影响花生根系形态学特性，减少花生根瘤数量，玉米花生间作系统作物相互作用可对花生"氮阻遏"起到减缓作用（冯晨等，2019）。也有研究表明，玉米花生间作体系，玉米根鲜质量及根冠比平均值略高于单作，花生根鲜质量、根长、根冠平均值比略低于单作；间作条件下施氮促进玉米根系生长，但抑制花生根系和根瘤生长（原小燕等，2018）。

由图 5-9 可知，随着施氮量增加，玉米花生间作条件下，花生植株主茎高增加，单株分枝数增加，单株饱果数增加而秕果数下降（徐杰等，2017）。

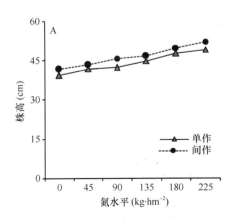
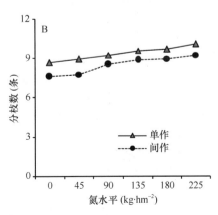

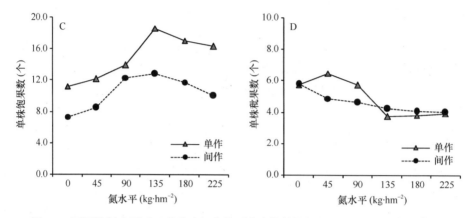

图 5-9　不同施氮水平对玉米花生间作体系花生植株性状的影响（徐杰等，2017）

2. 氮、磷的吸收与利用

2004 年，设单作玉米、单作花生、玉米花生间作 3 种种植方式及 N0（0 kg·hm^{-2}）、N150（150 kg·hm^{-2}）2 个氮水平，共 6 个处理，3 次重复，完全随机设计。各处理均基施磷（P$_2$O$_5$）120 kg·hm^{-2} 和钾（K$_2$O）100 kg·hm^{-2}，氮肥按基追比 1∶1 两次施用。2005 年，设单作玉米、单作花生、玉米花生 2∶4 间作、2∶8 间作 4 种种植方式及 N0（0 kg·hm^{-2}）、N180（180 kg·hm^{-2}）、N360（360 kg·hm^{-2}）3 个氮水平，共 12 个处理，3 次重复，完全随机设计。

（1）氮、磷的积累量

图 5-10 表明，玉米花生间作体系的氮、磷积累具有相同的变化趋势，表现出"前慢后快"的特点，即在玉米拔节期小于单作花生，此后，呈赶超单作花生的趋势，到玉米开花期，已明显超过单作花生，到收获期，单作玉米也超过单作花生，但一直低于玉米花生间作。与 N180 处理相比，N360 处理提高了玉米花生间作各时期的氮、磷积累量。

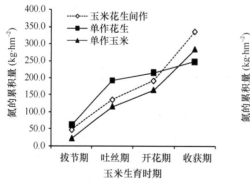

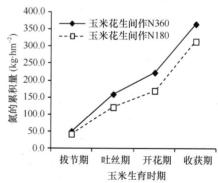

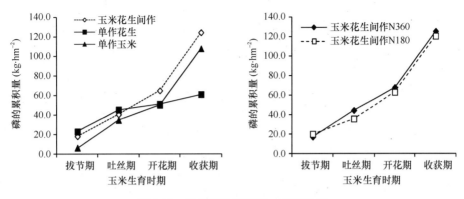

图 5-10 玉米花生间作氮、磷积累量

（2）氮、磷的吸收量

氮的吸收量 间作玉米氮吸收量高于单作玉米，而间作花生氮吸收量比单作花生低；与不施氮处理相比，施氮处理提高了间作玉米、间作花生的氮吸收量，并随施氮量的提高而增加，间作玉米达到显著水平；施氮处理显著提高间作体系的吸氮总量，并随施氮量的提高显著增加，但增幅降低（表 5-1）。

表 5-1　玉米花生间作氮吸收量　　　　　　（单位：kg·hm^{-2}）

年份	施氮水平	单作玉米氮吸收量	单作花生氮吸收量	间作玉米氮吸收量		间作花生氮吸收量		氮吸收总量	
				2∶4	2∶8	2∶4	2∶8	2∶4	2∶8
2004	0	147.9B	181.3A	218.1B	/	152.3A	/	189.8B	/
	150	182.0A	194.0A	304.2A	/	172.3A	/	247.5A	/
2005	0	210.8C	200.3B	252.6C	231.2C	195.7B	201.6B	228.1C	213.4C
	180	260.1B	241.2A	378.7B	324.7B	228.2A	216.3AB	314.0B	259.7B
	360	305.4A	251.4A	443.5A	390.0A	248.5A	231.2A	359.6A	294.7A

注：同一年同一列不同大写字母表示差异显著（$P<0.01$），本章下同

磷的吸收量 间作玉米磷吸收总量显著高于单作玉米，间作花生吸磷量和单作花生相差不大。与不施氮处理相比，施氮处理提高了间作玉米、间作花生吸磷量，并随施氮量的提高而增加，其中间作玉米达到显著水平；施氮处理促进了玉米花生间作体系磷的吸收，施氮量越大吸磷总量越大（表 5-2）。

表 5-2　玉米花生间作磷吸收量　　　　　　（单位：kg·hm^{-2}）

年份	施氮水平	单作玉米磷吸收量	单作花生磷吸收量	间作玉米磷吸收量		间作花生磷吸收量		磷吸收总量	
				2∶4	2∶8	2∶4	2∶8	2∶4	2∶8
2004	0	65.5B	38.5A	109.8B	/	32.1A	/	76.5B	/
	150	85.4A	42.2A	133.3A	/	35.8A	/	91.4A	/

续表

年份	施氮水平	单作玉米磷吸收量	单作花生磷吸收量	间作玉米磷吸收量		间作花生磷吸收量		磷吸收总量	
				2:4	2:8	2:4	2:8	2:4	2:8
2005	0	77.8C	50.3B	99.0C	91.8C	54.5B	55.2A	79.9C	69.8C
	180	103.1B	61.4A	162.4A	145.9B	67.7A	62.5A	121.7B	95.8B
	360	112.3 A	60.7A	171.1A	162.5A	68.6A	61.3A	127.0A	101.8A

（3）氮、磷的利用率

氮的利用率　与不施氮处理相比，施氮显著降低玉米花生间作的氮利用率，并随着施氮量的增加氮利用率呈降低趋势；与 N180 处理相比，N360 处理降低了间作体系氮吸收率，说明增施氮肥不利于提高玉米花生间作的氮吸收和利用率（表 5-3）。

表 5-3　玉米花生间作氮利用率

年份	施氮水平 (kg·hm⁻²)	氮吸收率（%）				氮利用率（%）			
		单作玉米	单作花生	2:4	2:8	单作玉米	单作花生	2:4	2:8
2004	0	/	/	/	/	69.02A	18.45A	44.63A	/
	150	32.75	8.49	38.51	/	58.60B	19.03A	40.73B	/
2005	0	/	/	/	/	51.25A	19.03A	40.33A	39.53A
	180	27.39A	22.72A	47.69A	28.55A	44.37B	16.97B	35.79B	32.55B
	360	26.26A	14.19B	36.53B	23.97A	44.08B	16.10C	33.03C	31.89B

磷的利用率　2005 年试验中，与不施氮处理相比，施氮显著降低玉米花生间作体系的磷利用率，但随着施氮量的增加却有升高趋势；与 N180 处理相比，N360 处理提高了单作玉米磷吸收效率，说明增施氮肥有利于玉米花生间作体系对磷的吸收（表 5-4）。

表 5-4　玉米花生间作磷利用率

年份	施氮水平 (kg·hm⁻²)	磷吸收率（%）				磷利用率（%）			
		单作玉米	单作花生	2:4	2:8	单作玉米	单作花生	2:4	2:8
2004	0	/	/	/	/	136.88A	86.71A	106.80A	/
	150	/	/	/	/	119.07B	87.31A	110.36A	/
2005	0	/	/	/	/	138.89A	75.73A	115.19A	99.95A
	180	28.07B	12.37A	46.47A	28.89A	112.00C	66.77B	92.36B	77.41B
	360	38.29A	11.56A	52.37A	35.51A	119.94B	66.81B	93.54B	82.34B

三、施磷对玉米花生间作体系花生生理特性的影响

以玉米'郑单958'、花生'花育16'为试验材料。设玉米单作、花生单作和玉米花生间作三种种植方式，P_0（0 kg·hm^{-2}）和 P_1（180 kg·hm^{-2}）两个磷水平，共6个处理，各处理重复3次，共18个小区。

1. 功能叶片光合特性

在玉米花生间作后期，由于间作花生处于光竞争劣势，日平均光照强度为单作花生的49.1%～56.1%（焦念元，2006），与不施磷相比，施磷后间作花生功能叶的气孔导度和光合速率增加，这说明施磷有利于提高间作花生的净光合速率。

在相同非饱和光（弱光）下，间作花生的光合速率明显高于单作花生，但光饱和点、光饱和时的净光合速率、CO_2饱和点和CO_2饱和光合速率均明显低于单作花生；与不施磷相比，施磷后间作花生的光饱和点、光饱和时的净光合速率、CO_2饱和点和CO_2饱和时的光合速率均明显上调。这表明间作提高了花生对弱光的利用能力，降低了对高CO_2浓度的利用能力，增施磷肥有利于提高间作花生对弱光的利用（图5-11）。

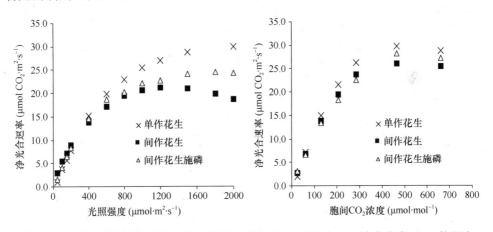

图 5-11　间作对花生功能叶的光合-光强响应曲线（A）和光合-CO_2响应曲线（B）的影响

与不施磷相比，施磷后间作花生的光饱和点、饱和净光合速率、表观量子效率、最大 RuBP 羧化酶羧化速率（V_{cmax}）、最大电子传递速率（J_{max}）和最大磷酸丙糖利用速率（TPU_{max}）均明显上调（表5-5）。这表明间作降低了花生弱光下的光合能力，施磷后不仅提高了表观量子效率，还有利于提高CO_2羧化固定能力，增施磷肥有利于提高间作花生对弱光的利用。

表5-5 间作对花生功能叶光合参数的影响

处理	光补偿点 ($\mu mol \cdot m^{-2} \cdot s^{-1}$)	光饱和点 ($\mu mol \cdot m^{-2} \cdot s^{-1}$)	饱和净光合速率 ($\mu mol \cdot m^{-2} \cdot s^{-1}$)	表观量子效率 ($mol \cdot mol^{-1}$)
单作花生	75.4aA	841.2aA	33.4aA	0.047cB
间作花生	20.0bB	587.2bB	27.4bB	0.051bA
间作花生施 P_2O_5 180 kg·hm^{-2}	26.8bB	585.7 bB	29.5bAB	0.053aA

处理	羧化效率	最大 RuBP 羧化酶羧化速率 ($\mu mol \cdot m^{-2} \cdot s^{-1}$)	最大电子传递速率 ($\mu mol \cdot m^{-2} \cdot s^{-1}$)	最大磷酸丙糖利用速率 ($\mu mol \cdot m^{-2} \cdot s^{-1}$)
单作花生	0.122aA	187.4aA	134.5aA	8.24aA
间作花生	0.092bB	136.0bB	103.6bB	6.87cB
间作花生施 P_2O_5 180 kg·hm^{-2}	0.091bB	181.0aA	113.4bB	7.74bB

注：同列数据不同大写字母表示差异极显著（$P<0.01$），不同小写字母表示差异显著（$P<0.05$），本章下同

2. 叶绿素荧光特性

F_0 是植物叶片暗适应后 PSII 中心完全开放时的荧光强度，反映了 PSII 天线色素受激发后的电子密度；F_v 是植物在暗适应过程中的最大可变荧光强度，反映了 PSII 反应中心原初受体（QA）的还原情况；F_v/F_m 是 PSII 最大光化学量子效率，反映开放的 PSII 反应中心的能量捕获效率；Φ_{PSII} 是作用光存在时 PSII 实际的光化学量子效率，反映了被用于光化学途径激发能占进入 PSII 总激发能的比例，是植物光合能力的一个重要指标；qP 为光化学猝灭系数，反映 PSII 天线色素吸收的光能用于光化学电子传递的份额。由表 5-6 可知，与单作花生相比，间作显著提高了花生功能叶的可变荧光、PSII 的 F_v/F_m、Φ_{PSII} 和 qP，说明间作提高了花生功能叶的 QA 的还原能力、PSII 反应中心的能量捕获效率和光化学电子传递效率，提高了对光能捕获、传递和转化的效率；与不施磷相比，施磷后明显提高了间作花生 PSII 的 Φ_{PSII} 和 qP，分别提高了 7.9% 和 16.3%，有利于促进间作花生功能叶对光能的传递和转化。

表5-6 间作对花生功能叶荧光参数的影响

施磷水平(kg·hm^{-2})	种植方式	初始荧光	可变荧光	PSII 最大光化学效率	PSII 实际光化学效率	光化学猝灭系数
0	单作	236.7aA	860.3bA	0.781bA	0.453bB	0.585cB
	间作	241.0aA	1068.3aA	0.815aA	0.596aA	0.639bB
180	单作	230.3aA	772.7bA	0.769bA	0.414bB	0.603cB
	间作	215.7aA	952.3aA	0.813aA	0.643aA	0.743aA

3. 光合色素含量及组成

叶绿素负责光能的吸收、传递和转化，在光合作用中起着非常重要的作用，其含量和构成受到光环境的影响。由表 5-7 可以看出，与单作相比，施磷和不施磷条件下间作显著提高了花生功能叶的叶绿素 a、叶绿素 b、类胡萝卜素含量和叶绿素总量，由于叶绿素 b 提高幅度大于叶绿素 a，其叶绿素 a/b 显著降低；与不施磷相比，增施磷肥有利于提高间作花生功能叶的叶绿素含量。叶绿体 b 主要位于 PSII 的捕光色素蛋白复合体中，间作花生提高了叶绿素含量，尤其是叶绿素 b 含量的提高，使捕光天线蛋白复合体增多以捕获更多的光能。

表 5-7　间作对花生功能叶叶绿素含量的影响

施磷水平 (kg·hm^{-2})	种植方式	叶绿素 a (mg·g^{-1})	叶绿素 b (mg·g^{-1})	类胡萝卜素 (mg·g^{-1})	叶绿素总量 (mg·g^{-1})	叶绿素 a/b	类胡萝卜素/叶绿素
0	单作	1.27cC	0.37cC	0.29bB	1.93cC	3.42aA	0.148aA
	间作	1.60aAB	0.54aA	0.33aA	2.47aA	2.97cC	0.133bcB
180	单作	1.53bB	0.48bB	0.32aA	2.33bB	3.19bB	0.139bB
	间作	1.64aA	0.56aA	0.33aA	2.53aA	2.96cC	0.131cB

4. 玉米花生间作的产量与土地当量比

由表 5-8 可知，与单作相比，可比面积间作玉米产量提高，而间作花生产量降低，其差异达到显著水平，间作体系的土地当量比（LER）均大于 1，尤其在 2011 年单作玉米倒伏较严重（间作具有一定抗倒伏能力）的情况下，其 LER 达到 1.30～1.38，土地利用率提高了 30%～38%，具有明显的间作优势。与不施磷相比，施磷提高了间作花生产量和土地当量比。

表 5-8　玉米花生间作产量与土地当量比

年份	施磷水平 (kg·hm^{-2})	玉米 (kg·hm^{-2})		花生 (kg·hm^{-2})		土地当量比
		单作	间作	单作	间作	
2011	0	7 228.8B	16 554.8A	5 455.0A	3 074.9B	1.30
	180	7 783.9B	16 979.8A	5 477.2A	4 097.9B	1.38
2012	0	9 333.6B	17 649.7A	5 988.3A	3 449.3B	1.07
	180	10 515.8B	22 499.5A	6 159.9A	3 596.4B	1.17

注：同列数据后不同大写字母表示在同一施磷水平下单作与间作差异极显著（$P<0.01$）

四、氮磷配施对玉米花生间作体系花生氮代谢特点的影响

试验于 2005 年在山东农业大学农学实验站进行，选用玉米品种'郑单 958'，花生品种'丰花 1'为供试材料，设单作玉米、单作花生和玉米花生间作 3 种种植方式，4 个氮磷水平处理 N1P1、N1P2、N2P1 和 N2P2，其中 N1P1 为施氮（N）180 kg·hm^{-2}，施磷（P$_2$O$_5$）90 kg·hm^{-2}；N1P2 为施氮（N）180 kg·hm^{-2}，施磷（P$_2$O$_5$）180 kg·hm^{-2}；N2P1 为施氮（N）360 kg·hm^{-2}，施磷（P$_2$O$_5$）90 kg·hm^{-2}；N2P2 为施氮（N）360 kg·hm^{-2}，施磷（P$_2$O$_5$）180 kg·hm^{-2}，重复 3 次，完全随机区组设计，各处理均基施钾肥 120 kg·hm^{-2}。单作花生起垄、覆膜宽窄行种植，垄底宽 65 cm，垄面宽 45 cm，沟底宽 10 cm，窄行行距 25 cm，宽行行距 40 cm，株距 20 cm，密度为 153 800 穴·hm^{-2}，每穴两粒；单作玉米行距 65 cm，株距 20 cm，密度 76 900 株·hm^{-2}；间作体系中，玉米花生 2∶4 模式即 2 行玉米，4 行花生，花生种植同单作，密度 100 000 穴·hm^{-2}；玉米宽窄行种植，宽行行距 160 cm，窄行行距 40 cm，株距 15 cm，密度 66 667 株·hm^{-2}，玉米花生间距 35 cm。带宽 200 cm，小区面积 48 m^2。花生 4 月 18 日播种，9 月 8 日收获，玉米 6 月 3 日播种，9 月 13 日收获，共处期 96 天。

1. 间作花生功能叶的硝酸还原酶活性

由图 5-12 可知，花生从盛花期到饱果期，功能叶的硝酸还原酶（NR）活性呈先升后降的变化趋势，在荚果膨大期达到最大值；与单作相比，间作明显提高了花生荚果膨大期和饱果期功能叶的硝酸还原酶活性；增施氮肥或磷肥均有利于

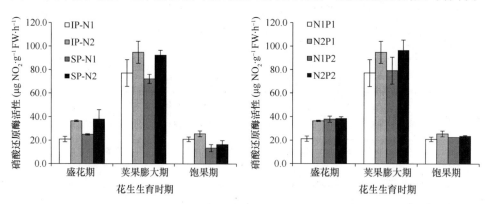

图 5-12 氮磷对不同种植方式花生花生功能叶硝酸还原酶活性影响

IP-N1 间作花生施氮 180 kg·hm^{-2}；IP-N2 间作花生施氮 360 kg·hm^{-2}；SP-N1 单作花生施氮 180 kg·hm^{-2}；SP-N2 单作花生施氮 360 kg·hm^{-2}；N1P1 为施氮 180 kg·hm^{-2}、施磷 90 kg·hm^{-2}；N2P1 为施氮 360 kg·hm^{-2}、施磷 90 kg·hm^{-2}；N1P2 为施氮 180 kg·hm^{-2}、施磷 180 kg·hm^{-2}；N2P2 为施氮 360 kg·hm^{-2}、施磷 180 kg·hm^{-2}

提高间作花生功能叶的硝酸还原酶活性，尤其在荚果膨大期，增施氮肥提高了21.9%～22.9%。

2. 间作花生功能叶的谷氨酰胺合酶活性

花生从盛花期到饱果期功能叶的谷氨酰胺合酶（GS）活性呈先升后降的变化趋势，在荚果膨大期达到最大值（图5-13）；与单作相比，玉米花生间作提高了花生荚果膨大期和饱果期功能叶的GS活性；不同氮磷供应水平对间作花生功能叶的GS活性调控作用表现为N2P1＞N2P2＞N1P1＞N1P2，说明增施氮肥有利于提高间作花生功能叶GS活性，在相同氮水平下，增施磷肥提高间作花生功能叶的GS活性的效果不明显。

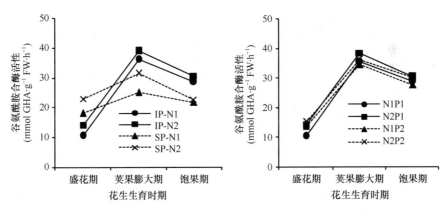

图 5-13　氮磷对不同种植方式花生功能叶谷氨酰胺合酶活性的影响

IP-N1 间作花生施氮 180 kg·hm^{-2}；IP-N2 间作花生施氮 360 kg·hm^{-2}；SP-N1 单作花生施氮 180 kg·hm^{-2}；SP-N2 单作花生施氮 360 kg·hm^{-2}；N1P1 为施氮 180 kg·hm^{-2}、施磷 90 kg·hm^{-2}；N2P1 为施氮 360 kg·hm^{-2}、施磷 90 kg·hm^{-2}；N1P2 为施氮 180 kg·hm^{-2}、施磷 180 kg·hm^{-2}；N2P2 为施氮 360 kg·hm^{-2}、施磷 180 kg·hm^{-2}

3. 间作花生功能叶的蛋白质水解酶活性

蛋白质水解酶是分裂蛋白质肽键的一类水解酶，按其作用底物，分为内肽酶和外肽酶。从氮末端分解的外肽酶称为氨肽酶，从碳末端分解的外肽酶称为羧肽酶。目前普遍认为植物体蛋白质降解时，先由内肽酶把蛋白质水解成小肽片段，再由外肽酶彻底水解成氨基酸，花后通过各种途径被运往籽粒，重新合成新蛋白质。

（1）间作花生功能叶的内肽酶活性

从花生盛花期到荚果膨大期，功能叶的内肽酶（endopeptidase，EP）活性逐渐增强（图5-14）。与单作花生相比，玉米花生间作降低了花生功能叶内肽酶的活性。不同氮磷供应水平对间作花生功能叶内肽酶活性有调控作用，增施氮肥抑制间作花生功能叶内肽酶活性，增施磷肥有利于提高间作花生功能叶内肽酶活性。

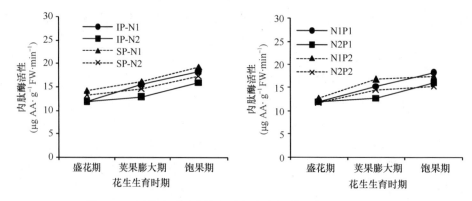

图 5-14　氮磷对不同种植方式花生功能叶内肽酶活性的影响

IP-N1 间作花生施氮 180 kg·hm⁻²；IP-N2 间作花生施氮 360 kg·hm⁻²；SP-N1 单作花生施氮 180 kg·hm⁻²；SP-N2 单作花生施氮 360 kg·hm⁻²；N1P1 为施氮 180 kg·hm⁻²、施磷 90 kg·hm⁻²；N2P1 为施氮 360 kg·hm⁻²、施磷 90 kg·hm⁻²；N1P2 为施氮 180 kg·hm⁻²、施磷 180 kg·hm⁻²；N2P2 为施氮 360 kg·hm⁻²、施磷 180 kg·hm⁻²

（2）间作花生功能叶的羧肽酶活性

花生功能叶羧肽酶（carboxypeptidase）活性从玉米开花后逐渐增强（图 5-15）。与单作相比，玉米花生间作降低了花生功能叶羧肽酶的活性。供氮、供磷水平对间作花生叶片羧肽酶活性的调控作用表现为 N2P2＞N2P1≥N1P2＞N1P1，表明增施氮肥或磷肥均有提高间作花生叶片羧肽酶活性的趋势，但效果不明显。

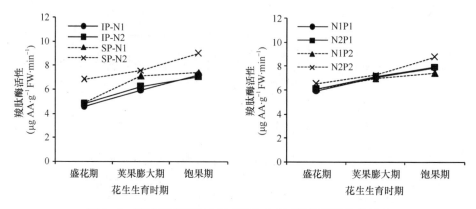

图 5-15　氮磷对不同种植方式花生功能叶羧肽酶活性的影响

IP-N1 间作花生施氮 180 kg·hm⁻²；IP-N2 间作花生施氮 360 kg·hm⁻²；SP-N1 单作花生施氮 180 kg·hm⁻²；SP-N2 单作花生施氮 360 kg·hm⁻²；N1P1 为施氮 180 kg·hm⁻²、施磷 90 kg·hm⁻²；N2P1 为施氮 360 kg·hm⁻²、施磷 90 kg·hm⁻²；N1P2 为施氮 180 kg·hm⁻²、施磷 180 kg·hm⁻²；N2P2 为施氮 360 kg·hm⁻²、施磷 180 kg·hm⁻²

4. 间作花生籽仁蛋白质含量

玉米花生间作明显提高收获期花生籽仁蛋白质含量；氮磷供应水平影响间作花生籽仁蛋白质含量，处理间表现为 N2P1＞N2P2＞N1P2＞N1P1（图 5-16），表明增施氮肥、磷肥有利于高间作花生籽仁蛋白质含量，但效果不明显。

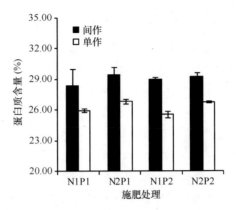

图 5-16　氮磷对不同种植方式花生籽仁蛋白质含量

N1P1 为施氮 180 kg·hm^{-2}、施磷 90 kg·hm^{-2}；N2P1 为施氮 360 kg·hm^{-2}、施磷 90 kg·hm^{-2}；
N1P2 为施氮 180 kg·hm^{-2}、施磷 180 kg·hm^{-2}；N2P2 为施氮 360 kg·hm^{-2}、施磷 180 kg·hm^{-2}

5. 玉米花生间作氮营养优势

表 5-9 可知，与单作相比，玉米花生间作极显著降低了玉米和花生的氮吸收量，但玉米花生间作复合群体氮吸收总量均高于单作玉米和单作花生，表现出明显的氮营养间作优势。营养竞争比率（CR$_{mp}$）是度量作物养分吸收能力强弱的一种指标，当 CR$_{mp}$＞1 时，表明玉米比花生营养竞争能力强；当 CR$_{mp}$＜1 时，表明玉米比花生营养竞争能力弱。CR$_{mp}$ 为 2.51～2.70，说明玉米竞争氮素能力比花生强，增施氮肥或磷肥，CR$_{mp}$ 值均有所减小，增施氮肥或磷肥均能缓解玉米花生对氮素的竞争。

表 5-9　玉米花生间作氮吸收量和氮优势

| 处理 | 玉米氮吸收量（kg·hm^{-2}） | | 花生氮吸收量（kg·hm^{-2}） | | 间作氮优势 | 营养竞争比率 CR$_{mp}$ |
	间作	单作	间作	单作		
N1P1	215.85Bc	260.14D	98.13Bb	241.20Ab	61.98Ab	2.70Aa
N2P1	252.77Ab	305.39B	106.86ABa	251.41Aab	77.46Aab	2.58Aa
N1P2	224.52Bc	282.23C	103.35ABab	245.41Aab	61.47Ab	2.51Aa
N2P2	272.74Aa	326.19A	109.00Aa	255.58Aa	85.91Aa	2.60Aa

注：间作养分吸收优势（kg·hm^{-2}）=间作体系养分吸收量（kg·hm^{-2}）−[单作玉米养分吸收量（kg·hm^{-2}）×间作体系玉米比例+单作花生养分吸收量（kg·hm^{-2}）×间作体系花生比例]。营养竞争比率 CR$_{mp}$ =（U$_{im}$ /U$_{sm}$）×F$_m$ /（U$_{ip}$ /U$_{sp}$×F$_p$）计算，式中 U$_{im}$ 和 U$_{ip}$ 分别为间作玉米和间作花生的养分吸收量，U$_{sm}$ 和 U$_{sp}$ 分别为单作玉米和单作花生的养分吸收量；F$_m$ 和 F$_p$ 分别为间作中玉米和花生所占比例

氮磷处理对间作玉米花生氮素吸收有调控作用，处理间均表现为：N2P2＞N2P1＞N1P2＞N1P1，表明增施氮肥或磷肥均促进间作玉米吸收氮素，增施氮肥

效果达到极显著水平；在 N1 水平上增施磷肥效果较小，而在 N2 水平上增施磷肥，其效果显著；增施氮肥或磷肥均可增加间作花生氮素吸收量，但只有在 P1 水平上增施氮肥其效果显著。这说明在玉米花生间作体系中，玉米对氮肥和磷肥反应敏感，花生则相对迟缓。因此在生产中，应分带施肥，重施玉米带，轻施花生带，效果更好。显著性检验表明：种植方式、氮肥和磷肥对玉米氮素吸收的影响均达到极显著水平，对花生氮素吸收的影响只有种植方式和氮肥达到极显著水平，互作效应均不显著。

6. 玉米花生间作磷营养优势

玉米花生间作极显著降低了玉米和花生对磷的吸收（表 5-10），但玉米花生间作复合群体磷吸收总量高于单作玉米和单作花生，表现明显的磷间作优势，增施磷肥能提高磷营养间作优势；在 P2 水平上增施氮肥，磷营养间作优势显著提高，P1 水平上，则不显著。增施氮肥或磷肥 CR_{mp} 值均减小，说明在玉米花生间作体系中，玉米竞争磷素能力比花生强，增施氮肥或磷肥均可缓解间作玉米花生对磷素的竞争。在 P1 水平上，增施氮肥对促进间作玉米的磷素吸收效果较小，而在 P2 水平上，增施氮肥可极显著促进间作玉米对磷素的吸收；在 N1 和 N2 水平上，增施磷肥显著或极显著促进间作玉米对磷素吸收。增施氮肥对促进间作花生磷素吸收作用较小；而增施磷肥能极显著促进间作花生对磷素吸收。

表 5-10　玉米花生间作磷吸收量和磷优势

| 处理 | 玉米磷吸收量（kg·hm^{-2}） | | 花生磷吸收量（kg·hm^{-2}） | | 间作磷优势 | 营养竞争比率 CR_{mp} |
	间作	单作	间作	单作		
N1P1	92.59Bc	103.06Dd	29.10Bb	61.39a	36.55Bb	2.51Aa
N2P1	97.51BCbc	112.26Cc	29.50Bb	60.66a	36.94Bb	2.37Aa
N1P2	103.03Bb	116.99Bb	32.43Aa	64.63a	40.99Bb	2.34Aa
N2P2	117.15Aa	123.83Aa	32.98Aa	64.87a	51.65Aa	2.47Aa

注：N1P1 为施氮 180 kg·hm^{-2}，施磷 90 kg·hm^{-2}；N2P1 为施氮 360 kg·hm^{-2}，施磷 90 kg·hm^{-2}；N1P2 为施氮 180 kg·hm^{-2}，施磷 180 kg·hm^{-2}；N2P2 为施氮 360 kg·hm^{-2}，施磷 180 kg·hm^{-2}

第二节　生长抑制剂对粮油多熟制花生生长发育的影响

一、调环酸钙对夏直播花生衰老及产量品质的影响

为了探明新型生长调节剂调环酸钙对夏花生生长发育的影响，试验设置了 3 个处理 T1：调环酸钙盐 30 g·hm^{-2}，T2：调环酸钙盐 60 g·hm^{-2}，CK：清水。结荚中期喷施。

1. 调环酸钙对根系和叶片活力的影响

（1）根系活力

花生根系的衰老与整株衰老密切相关，根系活力是花生根系衰老的主要指标。本试验表明，叶面喷施调环酸钙可提高花生的根系活力。处理后 1 周，T1 和 T2 根系活力分别比对照提高 4.6% 和 3.6%，其中 T1 与对照差异达到显著水平；处理后 2 周，T1 和 T2 与对照差异缩小，分别比对照提高 1.5% 和 2.3%（表 5-11）。

（2）叶绿素含量

处理后 1 周，喷施调环酸钙的叶片中的叶绿素含量显著高于对照，处理后 2 周，喷施调环酸钙的处理与对照差异甚微（表 5-11）。

表 5-11　调环酸钙对夏直播花生根系活力和叶片叶绿素含量的影响

项目	根系活力（mg·g^{-1}FW·h^{-1}）		叶绿素含量（mg·g^{-1}FW）	
	1 周	2 周	1 周	2 周
T1	466.50±3.629a	385.40±6.264a	2.81±0.067a	2.37±0.086a
T2	462.07±10.365ab	388.73±6.643a	2.90±0.040a	2.48±0.061a
CK	445.97±9.340b	379.87±8.386a	2.47±0.101b	2.34±0.061a

注：T1. 调环酸钙盐 30 g·hm^{-2}；T2. 调环酸钙盐 60 g·hm^{-2}；CK. 清水

调环酸钙可提高花生叶片和根系中可溶性蛋白质的含量，特别是在处理后 2 周，两处理（T1 和 T2）叶片和根系中的可溶性蛋白质含量均显著高于对照（图 5-17）。

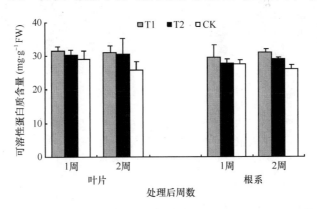

图 5-17　调环酸钙对夏直播花生叶片和根系中可溶性蛋白质含量的影响
T1. 调环酸钙盐 30 g·hm^{-2}；T2. 调环酸钙盐 60 g·hm^{-2}；CK. 清水

2. 调环酸钙对活性氧代谢的影响

（1）超氧化物歧化酶活性

超氧化物歧化酶是植物体内清除活性氧的主要酶之一，它是一种诱导酶，既

可被 O_2^- 诱导提高活性，又能催化体内 O_2^- 的歧化反应形成氧分子和过氧化氢。由图 5-18A 可知，调环酸钙可提高花生叶片和根系中超氧化物歧化酶的活性。其中，叶片中超氧化物歧化酶活性在处理后 1 周和 2 周，T1 的活性分别比对照提高 18.3% 和 25.6%，差异达到显著水平，T2 虽有增加，但与对照差异不显著；根系中超氧化物歧化酶活性在喷施 2 周 T1 和 T2 分别比对照提高了 25.6% 和 7.9%，其中 T1 与对照的差异达到显著水平。

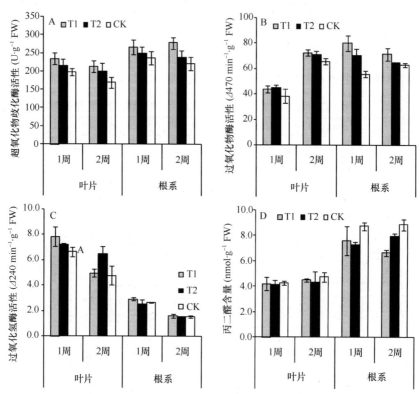

图 5-18　调环酸钙对夏直播花生叶片和根系超氧化物歧化酶活性（A）、过氧化物酶活性（B）、
过氧化氢酶活性（C）及丙二醛含量（D）的影响
T1. 调环酸钙盐 30 g·hm^{-2}；T2. 调环酸钙盐 60 g·hm^{-2}；CK. 清水

（2）过氧化物酶活性

过氧化物酶不但能清除 H_2O_2，而且能使脂质的过氧化物转变成正常的脂肪酸，从而阻止脂质过氧化物的积累而引起的细胞中毒。喷施调环酸钙可提高花生叶片和根系中过氧化物酶的活性。其中，叶片中过氧化物酶活性在处理后 1 周，T1 和 T2 两处理与对照差异不显著，但处理后 2 周，与对照的差异均达到显著水平，分别比对照提高 10.3% 和 8.0%；处理后 1 周，根系中过氧化物酶活性显著提高，尤其是 T1 比对照提高了 43.5%，且直到 2 周时过氧化物酶活性仍显著高于对照（图 5-18B）。

（3）过氧化氢酶活性

过氧化氢酶能分解 H_2O_2，减少活性氧的毒性。调环酸钙能提高花生叶片和根系中过氧化氢酶活性。处理后 1 周，叶片中过氧化氢酶的活性 T1 最高，比对照提高 17.9%，处理后 2 周 T2 叶片中过氧化氢酶的活性最高，比对照提高 35.9%；调环酸钙对根系中过氧化氢酶活性的影响明显小于叶片，与对照的差异均未达到显著水平（图 5-18C）。

（4）丙二醛含量

丙二醛是膜脂过氧化的最终产物，具有很强的毒性。其含量高低反映植株抗氧化能力和生理代谢的强弱。本试验表明，叶面喷施调环酸钙可降低花生植株丙二醛的含量。叶片中 T1 和 T2 两处理在处理后 1 周差异不大，在处理后 2 周 T2 的效果明显好于 T1；叶片中丙二醛的含量在喷施后 1 周和 2 周虽然较对照有所降低，但差异并不明显。处理后 1 周 T1 和 T2 两处理根系中丙二醛含量分别比对照降低 13.0 %和 16.9%，处理后 2 周，T1 差距进一步拉大（图 5-18D）。

3. 调环酸钙对植株农艺性状、产量和品质的影响

调环酸钙对降低株高，减少千克果数，增加单株果数，提高出米率、收获指数、产量和籽仁脂肪含量效果显著，但对蛋白质含量影响不明显。其中 T1 处理效果好于 T2，多数性状与对照差异达到显著水平（表 5-12）。

表 5-12　调环酸钙对夏直播花生植株农艺性状、产量和品质的影响

处理	株高（cm）	单株果数（个）	出米率（%）	千克果数（个）	收获指数	产量（kg·hm⁻²）	脂肪含量（%）	蛋白质含量（%）
T1	36.5±1.1b	12.3±0.3a	66.8±2.1a	543.5±30.2c	0.58±0.03a	6117.3±207.9a	52.6±1.3a	26.8±0.9a
T2	33.2+0.9c	11.8±0.5a	64.7±1.6b	568.7±18.6b	0.55±0.01a	5870.2±74.9ab	51.3±0.8b	27.4±1.1a
CK	41.3±0.9a	9.7±1.1b	61.4±0.8c	604.3±35.3a	0.52±0.03b	5474.1±173.3b	48.6±1.1c	26.9±0.6a

注：T1. 调环酸钙盐 30 g·hm⁻²；T2. 调环酸钙盐 60 g·hm⁻²；CK. 清水

二、烯效唑对弱光下花生幼苗生理特性的影响

试验设 3 个处理：T0 不喷施烯效唑；T80 喷施浓度为 80 mg·kg⁻¹ 的烯效唑；T160 喷施浓度为 160 mg·kg⁻¹ 的烯效唑。

1. 烯效唑对花生幼苗植株性状的影响

弱光条件下，喷施烯效唑对幼苗根系总长度和根系总表面积无显著影响，但

可以提高直径大于 1.0 mm 根的比例，表明烯效唑有增加根系粗度的作用。另外，喷施烯效唑可以有效抑制植株高度，增加叶片厚度，使植株变得粗壮（表 5-13）。这对于弱光环境下培育壮苗、防止后期徒长倒伏具有积极意义。此外，喷施烯效唑，植株叶面积及根、茎、叶各器官干重呈下降趋势。

表 5-13 烯效唑对花生幼苗主要农艺性状和干重等的影响

处理	主茎高（cm）	侧枝长（cm）	叶面积（cm²·株⁻¹）	根干重（g·株⁻¹）	茎干重（g·株⁻¹）	叶干重（g·株⁻¹）	比叶重（mg·cm⁻²）
T0	7.5a	4.8a	128.6a	0.60a	0.44a	0.58a	4.46b
T80	5.3b	3.2b	112.0a	0.56a	0.39ab	0.58a	5.19a
T160	5.1b	3.2b	92.8a	0.51a	0.36b	0.47a	5.16a

注：T0. 不喷施烯效唑；T80. 喷施 80 mg·kg⁻¹ 的烯效唑；T160. 喷施 160 mg·kg⁻¹ 的烯效唑

2. 烯效唑对花生光合特性的影响

烯效唑可以显著提高叶片 SPAD 值和光合能力，但对叶片蒸腾速率无显著影响。叶片的 SPAD 值是表征叶绿素含量的重要指标，因此光合能力的差异不是气孔开闭引起的，而是叶绿体多少和强弱导致的（图 5-19）。

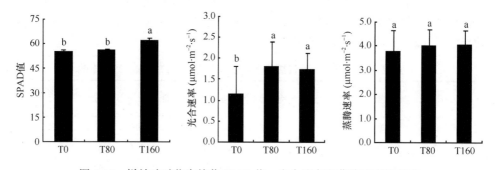

图 5-19 烯效唑对花生幼苗 SPAD 值、光合速率和蒸腾速率的影响

3. 叶绿体超微结构

弱光环境下，烯效唑可显著增加叶片细胞内叶绿体个数和基粒片层数，显著增加叶绿体基粒数，对减少弱光引起的叶绿体超微结构损伤作用明显（图 5-20）。这也是弱光下烯效唑提高花生幼苗光合作用的基础。

4. 活性氧代谢

弱光下，烯效唑对花生叶片活性氧代谢具有重要影响。POD 酶活性 T80、T160 分别比 T0 增加 27.3% 和 74.0%；超氧化物歧化酶和过氧化氢酶的酶活性及

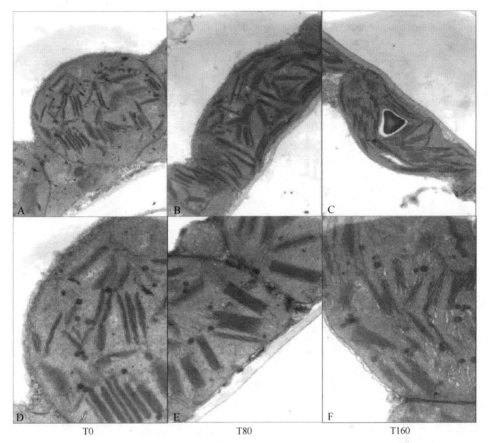

图 5-20　烯效唑对花生幼苗叶片叶绿体超微结构的影响
A~C. 放大 1.6×10^4 倍；D~F. 放大 4×10^4 倍

丙二醛含量在不同处理间差异不显著。说明随着烯效唑浓度增加，过氧化物酶活性增强，但对超氧化物歧化酶和过氧化氢酶的酶活性及丙二醛含量无显著影响（图 5-21）。

三、乙烯利对玉米花生间作光合产物累积的影响

以玉米品种'郑单 958'、花生品种'花育 16'为试验材料，设玉米单作、花生单作和玉米花生间作 3 种种植方式。施磷肥设 P_0（$0 \ kg \cdot hm^{-2}$）、P_1（$180 \ kg \cdot hm^{-2}$）2 个处理；分别对间作玉米进行喷施化学调控剂和清水 2 种处理，共 8 个处理，每个处理重复 3 次，共 24 个小区。每小区长 10 m，宽 6 m，完全随机区组设计。玉米单作行距 60 cm，株距 25cm，密度 67 500 株·hm^{-2}。玉米花生间作采用 2：4 方式，玉米宽窄行种植，宽行行距 160 cm，窄行行距 40 cm，株距 20 cm，花生播种于宽行中，行距 30 cm，株距 20 cm，每穴 2 粒，玉米、花生间距 35 cm。磷

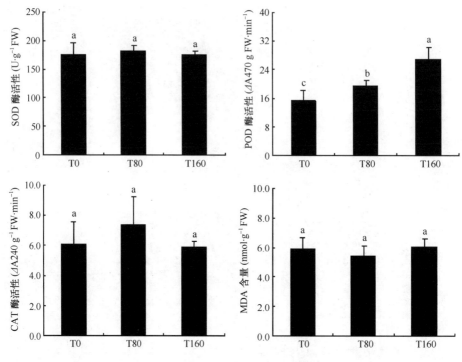

图 5-21 烯效唑对花生幼苗叶片活性氧代谢的影响

肥作一次性基施，氮肥按基肥、追肥比 1∶1 分 2 次施用，基肥施 90 kg·hm⁻²，追肥在玉米大喇叭口期只追施玉米 90 kg·hm⁻²。化学调控剂（玉米超大棒由南京绿源生物科技有限公司生产，主要成分为乙烯利，具有矮壮植株、防止倒伏作用）在玉米小口期喷施，每 666.7 m² 用超大棒 2 支 20 ml 兑水 30 kg，均匀喷雾到玉米顶部新叶；未进行化学调控的间作玉米，均匀喷相同量清水。其他管理同大田生产。2012 年 6 月 6 日播种，10 月 5 日收获；2013 年 6 月 1 日播种，9 月 26 日收获。

1. 间作花生叶面积指数

在下针期前，各处理间花生叶面积指数差异不明显；下针期以后，间作花生的叶面积指数明显低于单作花生，尤其是在成熟期，间作花生叶面积指数比单作花生降低了 15.68%～34.84%，差异达到显著水平。在玉米小口期喷施化学调控剂后，间作花生的单株叶面积指数增加；这表明玉米花生间作降低了花生单株叶面积指数，在玉米小口期喷施化学调控剂有利于间作花生叶面积指数提高（图 5-22）。

2. 间作花生干物质积累

与单作花生相比，玉米花生间作不利于提高花生单株干物质积累量，在下针期前，单作花生和间作花生的干物质积累量差异不明显，下针期以后，间作花生

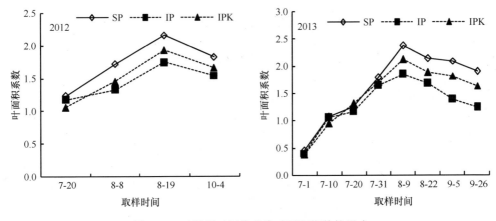

图 5-22　乙烯利对间作花生叶面积指数的影响

SP. 单作花生；IP. 间作花生；IPK. 间作花生+化控玉米，下同

的干物质积累量明显低于单作花生。在玉米小口期喷施化学调控剂后，间作花生的单株干物质积累量升高，其中在成熟期差异显著。在玉米小口期喷施化学调控剂有利于间作花生单株干物质积累量提高（图 5-23）。

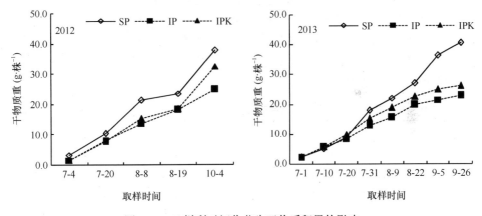

图 5-23　乙烯利对间作花生干物质积累的影响

3. 间作花生干物质分配

在花生收获期各器官干物质分配大小顺序为籽仁＞茎＞叶。与单作花生相比，玉米花生间作降低了间作花生各器官干物质积累量，提高了茎、叶干物质积累分配比例，降低了籽仁干物质积累分配比例，不利于干物质向籽仁转移。在玉米小口期喷施化学调控剂后，间作花生各器官干物质积累量增加，茎、叶干物质分配比例减小，籽仁干物质分配比例增大（表 5-14）。这表明玉米花生间作不利于干物质向籽仁转移，在玉米小口期喷施乙烯有利于花生干物质向籽仁转移。

表 5-14　乙烯利对间作花生干物质分配的影响

年份	处理	干物质积累量（g·株⁻¹）				干物质分配比例（%）		
		茎	叶	籽仁	植株	茎	叶	籽仁
	单作花生	12.51a	5.92a	19.31b	37.74abc	33.05ab	15.66c	51.29a
2012	间作花生	9.69a	6.09a	8.90c	24.69c	39.32a	24.72a	35.96c
	间作+化控	12.01a	7.37a	14.32bc	33.70bc	35.50ab	21.91b	42.59bc
	单作花生	13.89ab	9.89ab	16.77b	40.56b	34.28bc	24.37a	41.35ab
2013	间作花生	9.40d	5.36c	8.10c	22.87c	41.00a	23.48a	35.52b
	间作+化控	10.09cd	4.94c	11.19c	26.22c	38.51ab	19.02a	42.47ab

注：间作+化控为间作花生+化学调控玉米，下同

四、乙烯利和磷肥对玉米花生间作体系花生氮吸收分配的影响

1. 间作花生不同器官氮含量

由表 5-15 可知，与单作花生相比，间作有利于提高花生茎、叶和籽仁氮含量，其中叶部氮含量提高了 5.63%～9.77%；对间作玉米喷施乙烯利后，间作花生茎、叶和籽仁氮含量均略有升高，与不施磷相比，施磷间作花生的茎、叶和籽仁氮含量增加。表明间作有利于提高花生氮含量，喷施乙烯利和施磷促进间作花生茎、叶和籽仁氮含量的提高。

表 5-15　施用乙烯利和磷肥对间作花生不同器官氮含量的影响（单位：g·kg⁻¹）

处理		结荚期		成熟期		
		茎	叶	茎	叶	籽仁
	单作花生	19.33a	43.55c	10.12c	20.70c	45.09d
不施磷	间作花生	19.72a	46.05b	10.25c	21.96bc	45.55cd
	间作+化控	20.00a	47.82a	11.32bc	22.41ab	46.29bc
	单作花生	19.59a	45.27b	12.30ab	20.78c	46.80b
施磷 180 kg·hm⁻²	间作花生	21.28a	47.82a	12.95a	22.81ab	47.92a
	间作+化控	21.63a	48.37a	13.17a	23.54a	48.53a

2. 间作花生氮积累动态

花生开花下针期前，间作花生单株氮积累量与单作花生差异不明显；开花下针期以后，间作花生氮积累量逐渐低于单作花生。在玉米小口期对间作玉米喷施乙烯利后，间作花生单株氮积累量明显提高；与不施磷肥相比，施磷提高喷施乙

烯利间作体系中花生单株氮积累量。这表明玉米花生间作降低花生氮积累量，在玉米小口期对间作玉米喷施乙烯利促进间作花生氮积累，施磷能进一步提高间作花生单株氮积累量（图 5-24）。

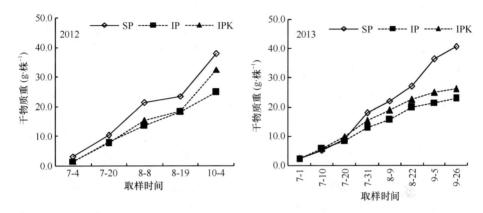

图 5-24　施用乙烯利和磷肥对间作花生单株氮积累量的影响

SP. 单作花生；IP. 间作花生；IPK. 间作花生+化学调控玉米

3. 间作花生成熟期氮素分配比例

由表 5-16 可知，不论施磷与否，与单作花生相比，间作降低了花生茎、叶和籽仁氮积累量和籽仁中分配比例，却提高了茎和叶中的分配比例；玉米喷施乙烯利，间作体系花生茎、叶和籽仁氮积累量增加，籽仁中氮分配比例提高；与不施磷肥相比，施磷提高了喷施乙烯利间作体系花生茎、叶和籽仁的氮积累量。这表间作降低了茎、叶和籽仁氮积累量，不利于氮向籽仁分配，在玉米小口期对间作玉米喷施乙烯利提高了间作花生茎、叶和籽仁氮积累量，有利于氮向籽仁分配，施磷后进一步促进喷施乙烯利间作体系花生茎、叶和籽仁的氮积累。

表 5-16　施用乙烯利和磷肥对间作花生氮积累量和分配比例的影响

处理		氮积累量（g·株$^{-1}$）			氮分配比例（%）		
		茎	叶	籽仁	茎	叶	籽仁
不施磷	单作花生	0.14bc	0.21a	0.49b	16.86c	24.72a	58.42a
	间作花生	0.10c	0.12bc	0.23c	22.53a	26.85a	50.61b
	间作+化控	0.11c	0.11c	0.36bc	19.70abc	19.37b	60.93a
施磷 180 kg·hm^{-2}	单作花生	0.20a	0.23a	0.72a	17.35c	19.94b	62.71a
	间作花生	0.12bc	0.13bc	0.30c	22.05ab	24.15a	53.79b
	间作+化控	0.16ab	0.19ab	0.48b	19.87abc	21.97a	58.16a

4. 玉米花生间作氮吸收量及氮吸收间作优势

由表 5-17 可知，与不喷施乙烯利相比，喷施乙烯利降低间作玉米氮积累量，却提高间作花生氮积累量，间作体系的氮吸收间作优势比不喷施乙烯利间作体系的提高。与不施磷相比，施磷提高了喷施乙烯利间作体系中玉米和花生吸氮量及氮间作优势。不施磷肥时，喷施乙烯利间作体系氮吸收土地当量比（LER-N）小于不喷施乙烯利，施磷肥后与其相反，但是 LER-N 均大于 1。营养竞争比率（CR_{mp}）是衡量作物竞争吸收养分强弱的指标，玉米相对花生氮营养竞争比率 $CR_{mp} > 1$，说明玉米比花生竞争氮营养的能力强。与不喷施乙烯利相比，喷施乙烯利间作体系 CR_{mp} 降低 30.51%～47.34%；施磷后，喷施乙烯利体系 CR_{mp} 又降低 12.09%～17.91%，这表明喷施乙烯利和施磷能显著缓解玉米、花生对氮的竞争。

表 5-17　施用乙烯利和磷肥对玉米花生间作氮积累量及间作优势的影响

年份	处理		玉米氮积累量（kg·hm⁻²）		花生氮积累量（kg·hm⁻²）		间作优势（kg·hm⁻²）	土地当量比	营养竞争比率
			单作	间作	单作	间作			
2012	不施磷	不喷乙烯利	202.13b	450.70b	265.98a	160.04c	35.86b	1.25a	2.47a
		喷乙烯利	202.13b	345.60c	265.98a	233.07b	37.64b	1.21a	1.30b
	施磷 180 kg·hm⁻²	不喷乙烯利	244.93a	507.16a	318.34a	212.45bc	41.37b	1.23a	2.07a
		喷乙烯利	244.93a	412.97b	318.34a	312.93a	63.98a	1.26a	1.14b
2013	不施磷	不喷乙烯利	214.09b	455.10bc	272.84b	156.98c	26.88b	1.20a	2.46a
		喷乙烯利	214.09b	391.07c	272.84b	194.14b	23.57c	1.16a	1.71b
	施磷 180 kg·hm⁻²	不喷乙烯利	276.05a	588.47a	323.90a	185.97b	42.21b	1.20a	2.48a
		喷乙烯利	276.05a	499.46ab	323.90a	278.11a	61.89a	1.24a	1.40c

第三节　种植方式对玉米花生间作体系花生生理特性的影响

一、种植方式对花生生长和产量品质的影响

最佳种植方式创建是开展玉米花生间作研究的核心和基础。玉米花生间作对各行花生生长发育及产量均有显著影响。间作花生主茎高、第 1 对侧枝长和第 2 对侧枝长明显高于单作，越靠近玉米的花生植株越高，第 1 行、第 2 行尤为显著。这是因为越靠近玉米，花生所受的遮荫程度越高，植株营养生长越旺盛，茎枝伸长，高度增加。叶面积表现为前期间作高于单作，后期则呈相反趋势。生育前期，间作植株生长旺盛，叶面积增加迅速；但后期，间作中各行花生因光照不足，出现早衰现象。干物质积累与分配是花生生长发育和产量形成的基础，对高产高效意义重大。

随着玉米植株的逐渐长高，花生所能接收的光能越来越少，与单作相比，干物质积累量明显降低，若想在间作中保持花生的产量，需要尽可能地增大花生比例。

与单作相比，玉米花生不同比例间作，均对花生的生长发育有较大影响，间作花生植株的生长明显高于单作，干物质积累减少，8∶16 的变化幅度最小。在保障减轻风蚀的情况下，虽然间作产量有所降低，但玉米与花生 8∶16 间作比玉米与花生 10∶10 间作减产幅度小，对品质的影响也相对较小。因此，生产上采用玉米与花生间作时，可采取相对较大的种植比例（如 8∶16），既可利用玉米秸秆的挡风作用，减轻风蚀，同时也降低对花生的负面影响（表 5-18）。

表 5-18　不同种植方式对花生生产量及产量性状的影响（李美等，2013）

种植方式	经济产量（kg·hm^{-2}）	生物产量（kg·hm^{-2}）	单株果数（个）	百果重（g）
M10P10	2922.22	5888.89	28.13	88.13
M8P16	3172.22	6233.33	31.79	98.34
CK1	3611.11	6816.67	33.00	105.67

注：M10P10 为玉米与花生间作行比 10∶10；M8P16 为玉米与花生间作行比 8∶16；CK1 为花生单作

二、种植方式对花生营养元素吸收分配的影响

王彦飞和曹国璠（2011）研究认为，在相同的肥力条件下，不同间作方式直接影响了花生对氮磷钾营养元素的吸收。M2∶P2 和 M2∶P4 氮素养分竞争比率 $CR_{mp}>1$，说明这两个处理玉米对氮的竞争力大于花生，M2∶P6、M2∶P8、M2∶P10 处理 $CR_{mp}<1$，说明这 3 个处理花生对氮元素的竞争力大于玉米。M2∶P2、M2∶P4 和 M2∶P6 处理的磷元素的养分竞争比率 $CR_{mp}>1$，说明这 3 个处理玉米对磷的较强竞争能力；当行比水平为 M2∶P8、M2∶P10 时，花生对磷的竞争力大于玉米；玉米对钾元素的竞争力总体上大于花生；对花生氮、磷、钾吸收量的玉米花生行比为 2∶8（CR_{mp} 值小）。所以，在玉米与花生间作生产上，可以选择植株较矮的玉米品种，或者选择耐荫的花生品种以提高其对弱光的吸收利用率（表 5-19）。

表 5-19　不同玉米花生行比氮磷钾营养竞争比率（王彦飞和曹国璠，2011）

处理	氮	磷	钾
M2∶P2	2.65	3.16	5.81
M2∶P4	1.63	2.67	2.77
M2∶P6	0.88	1.51	1.14
M2∶P8	0.41	0.69	0.63
M2∶P10	0.43	0.61	1.02

注：玉米与花生的行比设 5 水平，即 M2∶P2、M2∶P4、M2∶P6、M2∶P8、M2∶P10

在玉米花生间作中,间作与单作相比,其氮吸收量降低,但间作复合群体的氮吸收总量均高于单作玉米和单作花生,表现出明显的氮营养间作优势。玉米花生2:4间作方式的总产量、总蛋白质含量以及氮吸收总量均高于2:8间作方式。这说明玉米花生间作时,玉米为优势作物,间作玉米的产量平均比单作玉米高,而花生为劣势作物,增加花生的比例,则限制间作优势的发挥(图5-25)。

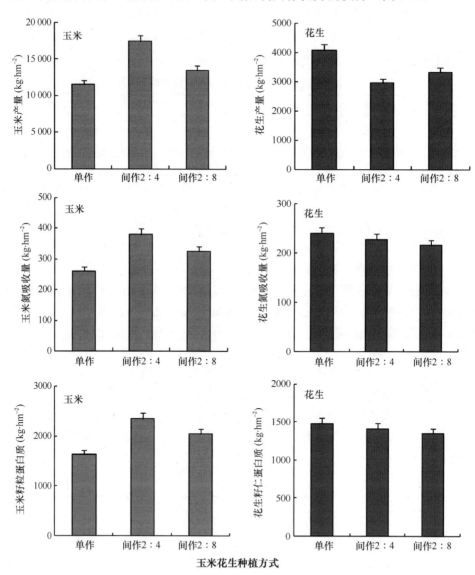

图5-25 不同间作方式下玉米与花生的产量、氮吸收量及籽粒(仁)蛋白质含量变化

第六章 小麦花生两熟制一体化前重型施肥技术

第一节 小麦花生两熟制一体化前重型施肥的理论基础

一、传统施肥方式的缺陷

长期以来，小麦花生两熟制栽培施肥是将全年肥料全部施在前茬小麦上，花生不施肥。这种施肥方式在小麦花生产量处于较低水平时，是比较科学的，因为与花生相比，小麦对当茬肥料相对敏感，花生耐瘠性较强，在生产水平较低、施肥量较少或不足的情况下，全年肥料全部施在小麦上，可以保证前茬小麦获得较好的产量，后茬花生的营养主要来源于土壤基础肥力、前茬残存肥料及根瘤固氮作用。但随着小麦花生产量水平的不断提高和施肥量的增加，全年两作肥料全部施在前茬小麦上，一是小麦超过了其最适施肥量，造成减产，二是肥料损失率增加，降低肥料利用率，且容易对环境造成污染。1994～1995 年和 1995～1996 年应用 ^{15}N 同位素示踪技术进行了全年定量氮肥不同分配方式对氮肥利用率影响试验。

1. 试验设计

大田条件下，设计长 1.2 m、宽 1.0 m 的微区，微区间距 1.0 m。区内挖一长 1.0 m、宽 0.4 m、深 0.35 m 的池子，每池内并排安放 3 个无底塑料盆（直径 37 cm、高 40 cm，盆顶高出土表面 5 cm），按原土壤 20～35 cm 和 0～20 cm 下、上两层，分别将土重新填入盆（池）内。全年氮肥总用量为 240 kg·hm^{-2}，分配方式 3 种：①全部作小麦基肥（F_1）；②作小麦基肥和拔节期追肥（F_2）；③作小麦基肥、拔节期追肥和花生基肥（F_3）。因需计算同一分配方式不同时期氮肥利用率等，试验设 5 个处理（表 6-1）。

两年度各处理根据每公顷肥料施用量按实际面积分别对盆和盆以外的微区进行施肥处理。微区内盆两侧各播 1 行小麦或花生作保护行，不计产。盆内用标记尿素，盆外用普通尿素。除氮肥处理外，小麦基施过磷酸钙 1500 kg·hm^{-2}、硫酸钾 300 kg·hm^{-2}。基肥施入 10～15 cm 土层内，追肥施入 5～10 cm 土层内。试验以微区为单位随机区组排列，重复 3 次。

2. 试验结果

与全年氮肥全部作小麦基肥的处理（F_1）相比，小麦基肥用量为全年氮肥总量 1/2 的处理（F_{2a}）小麦、花生及全年氮肥利用率和土壤残留率增加，损失率下

表 6-1 试验设计 (单位: kg·hm^{-2})

处理	全年施氮量	处理		
		小麦基肥	小麦追肥	花生基肥
F_1	240	240 (^{15}N)	0	0
F_{2a}	240	120 (^{15}N)	120	0
F_{2b}	240	120	120 (^{15}N)	0
F_{3a}	240	120	45 (^{15}N)	75
F_{3b}	240	120	45	75 (^{15}N)

降。每公顷追施 45 kg 氮的处理 (F_{3a}) 较追施 120 kg 氮的处理 (F_{2b}), 小麦、花生及全年氮肥利用率和土壤残留率增加, 损失率下降; 等量肥料, 施用时间早肥料利用率低、土壤残留少。同时每公顷施 120 kg 氮, 小麦基施较追施全年氮肥利用率高 5.57 个百分点, 残留率低 7.07 个百分点 (表 6-2 和表 6-3)。

表 6-2 分配方式对氮肥利用率的影响

处理	小麦			花生			全年		
	1994~1995	1995~1996	平均	1994~1995	1995~1996	平均	1994~1995	1995~1996	平均
F_1	18.84	14.76	16.80	5.53	7.61	6.57	24.37	22.37	23.37
F_{2a}	31.57	32.60	32.09	6.79	8.60	7.70	38.36	41.20	39.78
F_{2b}	22.04	26.31	24.18	10.94	9.12	10.03	32.98	35.43	34.21
F_{3a}	34.21	37.04	35.63	13.84	11.62	12.73	48.05	48.66	48.36
F_{3b}	/	/	/	22.60	24.79	23.70	/	/	/

不同分配方式全年氮肥利用率以全年氮肥 3 次施用 (分别作小麦基肥、追肥和花生基肥) 最高, 两次施用 (分别作小麦基肥和追肥) 次之, 一次性作小麦基肥最差; 土壤残留率 3 次施用＞2 次施用＞1 次施用; 而损失率则 1 次施用＞2 次施用＞3 次施用。3 种施肥方式氮肥回收率以 3 次施用最高 (表 6-3)。

表 6-3 分配方式对氮肥土壤残留和损失的影响 (%)

处理	土壤残留率			损失率			回收率		
	1994~1995	1995~1996	平均	1994~1995	1995~1996	平均	1994/1995	1995/1996	平均
F_1	17.77	15.26	16.25	57.86	62.37	60.12	24.37	22.37	23.37
F_{2a}	14.9	18.42	16.66	46.74	40.38	43.56	38.36	41.2	39.78
F_{2b}	23.38	24.07	23.73	43.64	40.5	42.07	32.98	35.43	34.21
F_{3a}	37.42	39.5	38.46	14.53	11.84	14.71	48.05	48.66	48.36
F_{3b}	70.39	65.13	67.76	7.01	10.08	8.55	22.6	24.79	23.70

二、前重型施肥技术的基本原理

小麦花生两熟制前重型施肥的基本原理是将小麦花生两熟作为一项系统工程，根据前后两作的营养特点、需肥规律等，在确保小麦高产的前提下，适当培肥地力，为后茬花生高产奠定良好的土壤肥力基础，进而实现小麦花生双高产。由图 6-1 知，如果仅考虑小麦一季产量，其适宜施肥量为 BC 区段，但要从小麦花生两熟制产量和效益考虑，小麦适宜施肥量为 CD 区段。

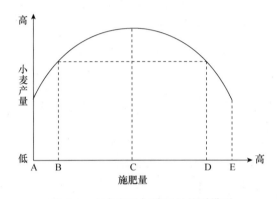

图 6-1　小麦产量与施肥量关系模型

<B. 肥量不足；B. 经济施肥量；C. 最高产量施肥量；BC. 小麦经济高产施肥量（单一作物适宜施肥量）；CD. 非经济高产施肥量（小麦花生两熟制适宜施肥量）；>D. 肥料过量

第二节　小麦套种花生一体化施肥技术

一、氮肥

1993～1994 年和 1994～1995 年，进行了高产条件下小麦花生两熟制氮肥效应及其平衡施用研究。试验在牟平和莱西两地进行。裂区设计，主区为小麦施氮量，副区为花生施氮量，各因子水平见表 6-4。牟平试验地为沙壤土，0～30 cm 土壤有机质 0.98%，碱解氮 54.8 mg·kg^{-1}，速效磷 31.4 mg·kg^{-1}，速效钾 43 mg·kg^{-1}，小区面积 40 m^2，重复 3 次，供试品种小麦'烟农 15'，花生'海花 1'；莱西试验地为沙壤土，0～30 cm 土壤有机质 0.93%，碱解氮 53 mg·kg^{-1}，速效磷 21.4 mg·kg^{-1}，速效钾 46 mg·kg^{-1}，小区面积 15 m^2，重复 3 次，供试品种小麦'莱州 953'，花生'鲁花 11'。采用大垄宽幅麦套种方式。套种花生基施氮肥于套种前 10～15 天开沟深施在套种垄上。

1. 氮对小麦产量的影响

小麦当茬施氮增产明显，而麦套花生基施氮肥对小麦产量影响不大。小麦当

表6-4　试验设计

牟平		莱西	
主区A（小麦施氮量）	副区B（花生施氮量）	主区A（小麦施氮量）	副区B（花生施氮量）
A_0	B_0	A_{150}	B_0
	B_0		B_{45}
A_{90}	B_0		B_{90}
	B_{30}		B_{135}
A_{180}	B_0		B_{180}
	B_{60}	A_{225}	B_0
A_{270}	B_0		B_{45}
	B_{80}		B_{90}
A_{360}	B_0		B_{135}
	B_{120}		B_{180}

注：字母下标数值为氮量（kg·hm^{-2}）。牟平小麦基施氮与追施氮分配比为2：1；莱西为1：2。追氮在小麦起身到拔节期进行。花生氮肥全部作基肥

茬施氮量与产量的关系为 $y=4866.54+22.241x-0.047\,96x^2$ （$F=13.7^*$，y 为产量，x 为小麦施氮量）。当小麦当茬施氮 232 kg·hm^{-2} 时，产量最高，达 7445 kg·hm^{-2}；当小麦施氮 201 kg·hm^{-2} 时，施氮利润最大，利润和投产比分别达 11 574 元·hm^{-2} 和 1：11.5。小麦产量＞7350 kg·hm^{-2} 的适宜施氮量为 188～232 kg·hm^{-2}。

2. 前茬小麦氮后效对花生产量的影响

前茬小麦施氮不仅对当茬具有明显的增产效果，对后茬花生同时产生较大的后效作用。当前茬小麦施氮 0～360 kg·hm^{-2}、后茬花生不施氮时，花生产量随前茬施氮量的增加而增加，二者关系为 $y=3545.7551-21.0884x^{1/2}+12.942x$ （$F=97^*$）。当前茬小麦施氮 150 kg·hm^{-2} 和 225 kg·hm^{-2} 时，尽管小麦产量差异不显著，但后茬花生产量差异明显，施氮 225 kg·hm^{-2} 的处理显著优于施氮 150 kg·hm^{-2} 的处理。说明前茬培肥地力有利于充分发挥后作花生的增产潜力。

3. 花生当茬施氮对花生产量的影响

花生当茬施氮亦具有明显的增产效果，但同时受到前茬小麦施氮水平的影响。在前茬施氮 150 kg·hm^{-2} 的基础上，后茬再施氮 0～180 kg·hm^{-2} 时，花生产量随施氮量增加而增加，二者关系为 $y=5439.8507+13.6318x^{1/2}+2.2952x$ （$F=27.5^*$）。但当施氮量超过 135 kg·hm^{-2} 时，氮的产量效应明显下降，边际产量在 70.5 kg·hm^{-2} 以下，比施氮 45 kg·hm^{-2} 的处理产量低 34%，方差分析结果表明，施氮 135 kg·hm^{-2} 和 180 kg·hm^{-2} 的两处理，产量差异不显著。在前茬小麦施氮 225 kg·hm^{-2} 的基础上，后茬花生再施氮 0～180 kg·hm^{-2} 时，花生产量随后茬施氮量增加表现为二次

抛物线 $y=5994+14.73x-0.059\,26x^2$（$F=41.4^*$）。当施氮 124 kg·hm^{-2} 时，花生产量最高，可达 6909 kg·hm^{-2}；施氮 110 kg·hm^{-2} 时，获得最大利润，利润和投产比分别达到 20 142 元·hm^{-2} 和 1∶37。花生产量＞6750 kg·hm^{-2} 的适宜施氮量为 75～124 kg·hm^{-2}（图 6-2）。

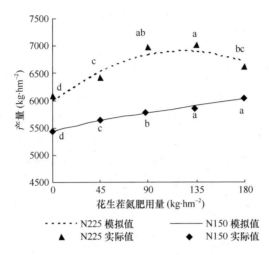

图 6-2　前茬肥和当茬氮肥对花生产量的影响

二、磷肥

试验于 1995～1996 年在牟平进行。试验地为沙壤土，0～30 cm 土壤有机质 1.47%，碱解氮 823.5 mg·kg^{-1}，速效磷 471 mg·kg^{-1}，速效钾 645 mg·kg^{-1}。大区试验，不设重复。试验除磷肥处理外，其余条件相同。小麦每公顷基施尿素 150 kg，氯化钾（含 K$_2$O50%）450 kg，磷肥用过磷酸钙（含 P$_2$O$_5$12%）用量及分配方式见表 6-5。采用大垄宽幅麦套种方式。花生基肥丁播种前 2 周左右开沟深施于花生套种垄上。拔节期追施尿素 300 kg。

表 6-5　试验设计　　　　　（单位：kg P$_2$O$_5$·hm^{-2}）

主区 A （小麦施磷量）	副区 B （花生施磷量）	全年施磷量	主区 A （小麦施磷量）	副区 B （花生施磷量）	全年施磷量
A$_0$	B$_0$	0	A$_{180}$	B$_0$	180
	B$_0$	0		B$_{90}$	270
A$_{60}$	B$_0$	60	A$_{240}$	B$_0$	240
	B$_{30}$	90		B$_{120}$	360
A$_{120}$	B$_0$	120	A$_{300}$	B$_0$	300
	B$_{60}$	180		B$_{150}$	450

注：字母下标数值为施磷量（kg·hm^{-2}）

1. 小麦基施磷对小麦、花生两作产量的影响

小麦基施磷 0～300 kg·hm^{-2}，磷与小麦产量符合 y_1=402.236+14.208x–0.5190x^2，当施磷 204 kg·hm^{-2} 时，小麦产量最高，达 7485 kg；当施磷 184.5 kg·hm^{-2} 时最经济，此时收入为 12 255 元·hm^{-2}。磷的边际效应随施磷量的增加而降低，施磷 60 kg·hm^{-2} 和 120 kg·hm^{-2} 的两处理，其边际产量分别为 120 kg·hm^{-2} 和 90 kg·hm^{-2}。当施磷量超过 204 kg·hm^{-2} 时，产量反而下降，边际产量出现负值。

磷与花生产量的关系符合 y_2=325.974+28.3692$x^{1/2}$–0.5241x，小麦基施磷 0～300 kg·hm^{-2}，随施磷量的增加花生产量一直呈上升趋势，最高可增产 1800 kg·hm^{-2}，表明前茬磷对后茬花生有较大的后效作用，因此，高产花生应特别重视前茬培养地力。

前茬磷对后茬花生的增产效果与磷肥用量有很大关系，当施磷＜180 kg·hm^{-2} 时，施磷增产显著，而当施磷＞180 kg·hm^{-2}，特别是施磷＞240 kg·hm^{-2} 时，再增施磷肥，产量增加很少。因此，前茬小麦基施磷量宜控制在 180～210 kg·hm^{-2}。

2. 全年施磷量对小麦、花生产量的影响

全年施磷 0～450 kg·hm^{-2}，磷与小麦产量的关系符合 y_3=391.964+10.435x–0.2515x^2，当施磷 310.5 kg·hm^{-2} 时，小麦产量最高达到 7500 kg·hm^{-2}；当施磷 267 kg·hm^{-2} 时，施磷最经济，此时收入 12 030 元·hm^{-2}。

全年施磷量与花生产量的关系符合 y_4=323.562+39.7913$x^{1/2}$–1.5455x，全年施磷 0～450 kg·hm^{-2}，花生产量仍没有极值出现。但当全年施磷＜270 kg·hm^{-2} 时，施磷效果明显，施磷超过 270 kg·hm^{-2} 时，再增施磷肥，产量增加很少。因此，就花生产量而言，全年施磷以 270 kg·hm^{-2} 左右为宜。

3. 不同来源磷的花生增产效应

花生当茬施磷也具有明显的增产效果，与前茬小麦基磷的后效作用不同的是：①在前茬施磷的基础上，花生当茬施磷的整体增产效果不及后效作用，当茬效应的最高值仅为后效作用的 1/2 左右。②花生当茬磷效应受前茬施磷水平影响很大，当前茬施磷＜180 kg·hm^{-2} 时，花生当茬施磷 30～90 kg·hm^{-2}，当茬效应随施磷量的增加而增加；当前茬施磷＞180 kg·hm^{-2} 时，即使再增施磷肥，当茬效应也不再增加，反而下降。因此，后茬施磷应适当考虑前茬施磷水平（图 6-3）。

综合本试验结果，小麦花生高产栽培，全年施磷以 270～315 kg·hm^{-2} 为宜，其中小麦 180～210 kg·hm^{-2}，花生 90～105 kg·hm^{-2}。

三、钾肥

1993～1994 年在莱西进行了小麦花生两熟制全年钾肥分配试验。裂区设计，具

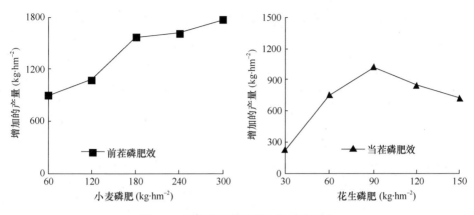

图 6-3　不同来源磷对花生产量的影响

体处理见表 6-6。试验地为沙壤土，0～30 cm 土壤有机质 0.93%，碱解氮 53 mg·kg^{-1}，速效磷 82.5 mg·kg^{-1}，速效钾 46 mg·kg^{-1}。小麦、花生供试品种分别为'莱州 953'和'鲁花 11'。钾肥用硫酸钾，除钾肥处理外，小麦基施尿素 150 kg·hm^{-2}，过磷酸钙 1875 kg·hm^{-2}，小麦拔节期追施尿素 300 kg·hm^{-2}。采用大垄宽幅麦套种方式。花生基肥于播种前 2 周左右开沟深施于花生套种垄上。

表 6-6　试验设计

主区 A（小麦基施钾量）	副区 B（花生基施钾量）	处理	全年施钾量（kg·hm^{-2}）	花生产量（kg·hm^{-2}）	全年效益（元·hm^{-2}）
	B_{45}	$A_{105}B_{45}$	150	5100eD	27879dD
A_{105}	B_{90}	$A_{105}B_{90}$	195	5735dD	29799cC
	B_{135}	$A_{105}B_{135}$	240	6117cC	30902bB
	B_{45}	$A_{210}B_{45}$	255	6300bAB	32153aA
A_{210}	B_{90}	$A_{210}B_{90}$	300	6515abA	32721aA
	B_{135}	$A_{210}B_{135}$	345	6584aA	32832aA
	B_{45}	$A_{315}B_{45}$	360	6417abAB	32429aA
A_{315}	B_{90}	$A_{315}B_{90}$	405	6518abA	32653aA
	B_{135}	$A_{315}B_{135}$	450	6551aA	32636aA

注：字母下标数值为施钾量（kg·hm^{-2}）

1. 小麦基施钾对当茬小麦产量的影响

在土壤含钾量接近中等水平条件下，小麦当茬基施钾肥，具有一定的增产效果。由表 6-7 知，当小麦施钾量由 105 kg·hm^{-2} 增至 210 kg·hm^{-2} 时，产量增加 6%；当施钾＞210 kg·hm^{-2} 时，产量增加甚微。因此，小麦适宜的施钾量为 105～210 kg·hm^{-2}。

表 6-7　小麦基施钾肥与花生基施钾肥的花生产量显著性测定（单位：kg·hm^{-2}）

处理	小麦产量	花生产量
A$_{105}$	7020	5651bB
A$_{210}$	7425	6467aA
A$_{315}$	7530	6495aA
B$_{45}$	/	5939cC
B$_{90}$	/	6225bB
B$_{135}$	/	6417aA

注：字母下标数值为施钾量（kg·hm^{-2}）

2. 小麦基施钾和花生基施钾对花生产量的影响

前茬施钾对后茬花生具有较大的后效作用。施钾 210 kg·hm^{-2} 和 315 kg·hm^{-2} 的两个处理极显著优于施钾 105 kg·hm^{-2} 的处理。证明前茬小麦施钾 105 kg·hm^{-2}，不能充分发挥花生本身的增产潜力。而 A$_{210}$ 和 A$_{315}$ 两处理无明显差异，说明前茬小麦基施钾 210 kg·hm^{-2} 比较经济（表 6-7）。

花生当茬施钾肥也具有明显的增产效应。在施钾 45～135 kg·hm^{-2}，花生产量随施钾量增加而增加，且处理间差异达极显著水平。因此，在不考虑前茬施钾量时，当茬施钾量则以 135 kg·hm^{-2} 为宜（表 6-7）。

3. 小麦基施钾和花生基施钾的互作对花生产量的影响

若前茬施肥不足，花生当茬施肥虽然增产效果显著，但仍不能充分发挥花生的增产潜力。例如，当全年施钾 240～255 kg·hm^{-2} 时，前后茬分配比为 105∶135 的处理（A$_{105}$B$_{135}$），花生产量为 6117 kg·hm^{-2}；而分配比为 210∶45 的处理（A$_{210}$B$_{45}$）花生产量为 6300 kg·hm^{-2}，二者差异显著（表 6-6）。因此，高产花生必须重视前茬施肥，以培肥地力。

4. 小麦花生全年施钾量对全年效益的影响

由表 6-6 可以看出，全年总效益以 A$_{210}$B$_{135}$ 和 A$_{210}$B$_{90}$ 最好，分列第 1、第 2 位。但与 A$_{210}$B$_{45}$、A$_{315}$B$_{45}$、A$_{315}$B$_{90}$、A$_{315}$B$_{135}$ 差异不显著，说明全年施钾 255 kg～450 kg·hm^{-2}，全年获得的经济收入相似。而当全年施钾低于 255 kg·hm^{-2} 时，全年效益随施钾量的增加而增加，且差异显著。因此，要获得较好经济效益，全年施钾量应不低于 255 kg·hm^{-2}。

上述分析表明，小麦基施钾肥除对小麦产量具有明显的增产效果外，对后茬花生同时产生较大的后效作用，所以花生要高产，必须充分发挥前茬肥和当茬肥的双重增产效应。全年适宜施钾量为 255～300 kg·hm^{-2}，小麦花生分配比为 1∶0.2～1∶0.3。

第三节 小麦夏直播花生一体化施肥技术

一、氮肥

1995～1996 年在莱西市采用两因素二次饱和 D-最优设计，进行了小麦花生两熟制全年氮肥用量与分配比例产量效应及优化配置方式试验。试验地为沙壤土，0～30 cm 土壤有机质 0.91%，速效氮 68 mg·kg^{-1}，速效磷 20.4 mg·kg^{-1}，速效钾 48 mg·kg^{-1}。

1. 数学模型

小麦、花生产量与全年氮肥用量（x_1）与分配比例（x_2）双因子数学模型列表 6-8。

表 6-8　全年氮肥用量与分配比例双因子小麦、花生产量数学模型

项目	数学模型
小麦产量	$y_W=8292.041+599.405x_1+119.4049x_2-1328.095x_1x_2-1558.747x_1^2-583.8896x_2^2$ $F_回=858.0^{**}$
花生产量	$y_P=6027.45+140.9877x_1-223.1371x_2+168.3629x_1x_2-50.4651x_1^2-117.9971x_2^2$ $F_回=21.9^{**}$
全年效益	$y=27524.03+879.687x_1-440.6138x_2-1370.913x_1x_2-2267.275x_1^2-1091.672x_2^2$ $F_回=90.9^{**}$

2. 全年氮肥用量与分配对小麦产量的影响

当全年施氮 295.1 kg·hm^{-2}、小麦占 69.3%，小麦当茬施氮 204.5 kg·hm^{-2} 时，产量最高；当全年氮肥在 150 kg·hm^{-2} 以下时，小麦产量随分配比例的增加而增加，但因肥量不足，即使肥料全部施在小麦上，最高产量只有 6997.5 kg·hm^{-2}，不能充分发挥小麦增产潜力；当全年氮用量达到 375 kg·hm^{-2} 时，小麦产量随分配比的增加，产量几乎直线下降，表明氮肥过量，即使只有 1/2 施在小麦上，小麦产量只有 7957.5 kg·hm^{-2}（图 6-4）。

3. 全年氮肥用量与分配对花生产量的影响

当全年氮肥用量为 150 kg·hm^{-2}，花生产量随前茬小麦氮肥分配比例的增加，产量几乎直线下降，分配比例对花生产量明显。当全年施氮量为 262.5 kg·hm^{-2}，花生产量随氮肥分配比例的增加呈抛物线，小麦所占比例为 51.3%，花生茬所占比例为 48.7%，即花生当茬施氮 127.8 kg·hm^{-2} 时，花生产量最高，达 6132.9 kg·hm^{-2}。当全年施氮 375 kg·hm^{-2} 时，分配比例对花生产量影响较小，表明当氮肥充足时，

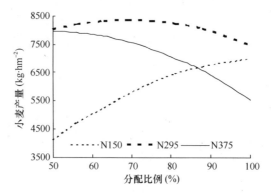

图 6-4 全年氮肥不同用量情况下分配比例与小麦产量的关系

N150、N295 和 N375 分别代表施氮 150 kg·hm⁻²、295 kg·hm⁻² 和 375 kg·hm⁻²，本节后同

若不考虑肥料对前茬小麦的不利影响，肥料施在前茬小麦或后茬花生上，均可获得花生高产。说明前茬施肥对后茬花生具有较大的后效作用，在不影响小麦产量的前提下，适当重施前茬小麦肥，有利于提高后茬花生的产量（图 6-5）。

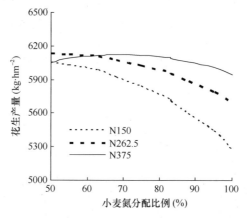

图 6-5 全年氮肥不同用量情况下分配比例与花生产量的关系

当全年氮肥全部施在前茬小麦而花生不施肥时，后作花生产量随前茬小麦施氮量的增加，产量直线上升，再次证明了前茬施氮对后茬花生较大的后效作用（图 6-6）。

4. 全年氮肥用量和分配高产高效优化组合

全年作物产量＞12 000 kg·hm⁻² 的适宜施氮量为 224.5～315.4 kg·hm⁻²，前茬小麦占适宜施氮量的 66.6%～86.8%；全年效益＞23 000 元·hm⁻² 的适宜施氮量为 232.6～323.3 kg·hm⁻²，前茬小麦占 68.4%～88.5%。全年效益最高达 27 750.5 元·hm⁻² 时，全年施氮量 297.9 kg·hm⁻²，前茬小麦占 65.0%。

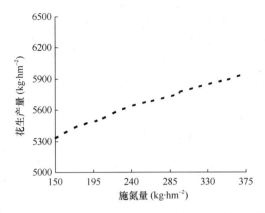

图 6-6　全年氮肥全部施在小麦上时花生产量与施氮量的关系

二、磷肥

为明确全年定量磷肥不同分配方式对小麦、花生产量及产量性状的影响，1994～1995 年在山东省花生研究所试验站用盆栽进行了试验。试验设 4 个处理，P_1：小麦基施磷（P_2O_5）150 kg·hm^{-2}，追肥（拔节期）75 kg·hm^{-2}；P_2：小麦基施磷（P_2O_5）150 kg·hm^{-2}，花生基施磷（P_2O_5）75 kg·hm^{-2}；P_3：小麦基施磷（P_2O_5）150 kg·hm^{-2}，花生追肥（始花期）75 kg·hm^{-2}；P_4：小麦基施磷（P_2O_5）225 kg·hm^{-2}。供试品种小麦'莱州 953'，花生'鲁花 14'。

1. 全年磷肥不同分配方式对小麦、花生产量的影响

磷肥分次施用效果优于一次施用；分次施用以磷肥分别作小麦、花生基肥最佳，效果好于分别作小麦基肥和小麦追肥（或花生追肥）；夏直播花生花针期追施磷肥增产效果不明显，其效应低于等量磷肥追施到前茬小麦上而产生的后效作用；花生对磷肥分配方式的反应大于小麦（表 6-9）。

表 6-9　全年磷肥分配方式对小麦、花生产量的影响　（单位：g·盆$^{-1}$）

处理	小麦籽粒重	花生荚果重
P_1	86.3	24.4b
P_2	88.8	32.0a
P_3	90.3	23.5b
P_4	77.4	23.0b

2. 分配方式对小麦、花生产量性状的影响

小麦盆穗数和穗粒数在全年磷肥分别作小麦基肥和花生基肥或追肥时较高，

而在全部作小麦基肥时最低。千粒重各处理间差异不大，这与全年磷肥分别作小麦基肥和花生基肥或追肥时小麦穗、粒数多，在一定程度上影响了千粒重有关。全年磷肥作小麦基肥和花生基肥时，花生单株果数和百果重较高。全年磷肥全部作小麦基肥，或分别作小麦基肥和小麦追肥与小麦基肥和花生追肥，对花生产量性状总的说来影响不大（表 6-10）。

表 6-10　磷肥分配方式对小麦、花生产量性状的影响

处理	小麦			花生	
	盆穗数（穗）	穗粒数（粒）	千粒重（g）	单株果数（个）	百果重（g）
P_1	68.7	32.0	43.6	11.7	90.2
P_2	70.0	34.6	44.0	12.3	92.9
P_3	71.0	35.8	43.2	11.8	92.5
P_4	66.7	31.6	42.2	12.0	89.7

三、钾肥

为明确全年钾肥用量与分配对小麦花生产量的影响，1998～1999 年采用二次饱和 D-最优设计进行了大田试验。试验在莱西沙壤土上进行，0～30 cm 土壤有机质 0.89%，速效氮 75 mg·kg^{-1}，速效磷 18.5 mg·kg^{-1}，速效钾 52 mg·kg^{-1}。供试品种小麦'莱州 953'，花生'鲁花 14'。氮肥用尿素，小麦基施 150 kg·hm^{-2}，拔节期追施 300 kg·hm^{-2}，花生基施 195 kg·hm^{-2}；磷肥用过磷酸钙（含 P_2O_5 12%），小麦基施 1275 kg·hm^{-2}，花生基施 900 kg·hm^{-2}；钾肥用硫酸钾（含 K_2O 50%），按试验设计用量作基肥，小麦基肥于秋耕前撒施，花生基肥于麦收后花生播种前一次性撒施。因子水平及编码值见表 6-11。

表 6-11　因子水平及编码

编码	全年施钾量 x_1（kg·hm^{-2}）	小麦施钾比例 x_2（%）
−1	150.0	50
0	262.5	75
1	375.0	100
间距	112.5	25

注：x_1 为全年施钾量（kg·hm^{-2}），x_2 为小麦施钾比例（%）

全年钾肥用量和分配与小麦、花生产量的数学模型列表 6-12。下面对表 6-12 中数学模型进行分析。

表 6-12　全年钾肥用量与分配比例双因子小麦花生产量数学模型

项目	数学模型
小麦产量	$y_W=7461.148-1007.37x_1-145.8196x_2-723.3196x_1x_2-1496.201x_1^2-2047.818x_2^2$ $F_{回}=1563.7^{**}$
花生产量	$y_P=4203.118+358.1043x_1-220.1455x_2+568.4795x_1x_2-41.9004x_1^2-264.989x_2^2$ $F_{回}=146.9^{**}$
全年效益	$y=20833.25-404.759x_1-822.8081x_2+830.2664x_1x_2-1908.919x_1^2-3210.919x_2^2$ $F_{回}=103.3^{**}$

注：x_1 为全年施钾量（kg·hm^{-2}），x_2 为小麦施钾比例（%）

1. 小麦适宜钾用量

由计算机对数学模型中的 y_W 寻优可知，当全年施 K_2O 225 kg·hm^{-2}，小麦占 75.6%，即小麦当茬施 K_2O 约 169.5 kg·hm^{-2} 时，产量最高，达 7632 kg·hm^{-2}；小麦产量>6000 kg·hm^{-2} 的措施组合 6 个，小麦当茬施 K_2O 138～219 kg·hm^{-2}（孔显民，2003）。

2. 全年钾用量与分配比例对花生产量的影响

由计算机对数学模型中的 y_P 寻优可知，当全年 K_2O 用量为 150 kg·hm^{-2}，花生产量随前茬小麦 K_2O 分配比例的增加，产量几乎直线下降，分配比例对花生产量作用显著。当全年 K_2O 用量为 262.5 kg·hm^{-2}，花生产量随小麦钾分配比例的增加呈抛物线，当小麦用量所占比例为 64.5%时，即小麦茬施 K_2O 169.5 kg·hm^{-2}，花生茬施 93.0 kg·hm^{-2} 时花生产量最高，产量达 4248.8 kg·hm^{-2}。当全年施 K_2O 375 kg·hm^{-2} 时，花生产量亦随小麦分配比例的增加呈抛物线，当小麦所占比例为 91.5%，即小麦茬施 K_2O 约 343.5 kg·hm^{-2}，花生茬施 31.5 kg·hm^{-2} 时，花生产量最高，产量达 4633.8 kg·hm^{-2}，在此施肥量条件下，即使钾肥全部施在小麦上，花生不施肥，花生产量仍可达 4602.7 kg·hm^{-2}。表明当前茬小麦施 K_2O 量较大时，花生少施或不施，均可获得高产，即前茬肥料对后茬具有较大的后效作用。当全年 K_2O 全部施在前茬小麦上，花生不施肥时，后作花生产量依然随前茬小麦施肥量的增加，产量直线上升，再次证明前茬施钾对后茬花生有较大的后效作用。因此，在不影响小麦产量的前提下，适当重施前茬小麦肥，有利于提高后茬花生的产量（图 6-7）。

3. 全年钾用量和分配对全年效益的影响

前后两作 K_2O 适宜分配比例随全年 K_2O 用量的增加而增加，但变幅不大。例如，当全年施 K_2O 150 kg·hm^{-2}，小麦茬 K_2O 适宜的用量占全年 68.6%；当全年施 K_2O 375 kg·hm^{-2} 时，小麦茬 K_2O 适宜的用量占全年 75.0%。相当于施 K_2O 每增加 35 kg·hm^{-2}，小麦茬所占比例应提高 1 个百分点（表 6-13）。

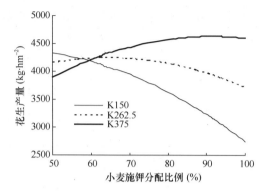

图 6-7　全年钾肥不同用量情况下分配比例对花生产量的影响

K150、K262.5 和 K375 分别代表施钾 150 kg·hm^{-2}、262.5 kg·hm^{-2} 和 375 kg·hm^{-2}

表 6-13　不同钾肥用量与分配比例最佳配置方案

全年 K$_2$O 用量（kg·hm^{-2}）	小麦所占比例（%）	效益（元·hm^{-2}）
150.0	68.6	19 541.9
262.5	71.8	20 886.0
375.0	75.0	18 519.6

全年最高效益可达 20 921.2 元·hm^{-2}，全年需施 K$_2$O 247.5 kg·hm^{-2}，前茬小麦占 71.4%。全年效益＞18 000 元·hm^{-2} 措施值为：每公顷施 K$_2$O 204.0～331.5 kg，前茬小麦占 66.3%～84.0%（表 6-14）。

表 6-14　全年钾肥用量和分配高效优化组合措施方案

全年效益（元·hm^{-2}）	频数	因子	因子编码值	措施值/小麦所占比例（%）
＞18 000.0	9	x_1	0.044	204.0～331.5
		x_2	0.006	66.3～84.0
20 921.2（最高效益）	9	x_1	−0.138	247.5
		x_2	−0.146	71.4

注：x_1 为全年施钾量（kg·hm^{-2}），x_2 为小麦施钾比例（%）

四、氮、磷、钾交互效应及优化配置

为明确小麦花生两熟制氮磷钾适宜配比对小麦、花生产量影响及元素间交互效应，1995～1996 年在莱西采用三因素二次饱和 D-最优设计进行了田间试验。试验地为沙壤土，0～30 cm 土壤有机质 0.98%，碱解氮 42.5 mg·kg^{-1}，速效磷 27.2 mg·kg^{-1}，速效钾 65 mg·kg^{-1}。试验因子为氮（尿素），P$_2$O$_5$（过磷酸钙），K$_2$O（硫酸钾）。供试品种小麦'莱州 953'，花生'鲁花 14'。小麦基肥于秋耕前撒施，花生基肥于麦收后起垄前撒施。

小麦、花生产量（y_W 和 y_P）与氮（x_1）、磷（x_2）、钾（x_3）数学模型列表 6-15。

表 6-15　氮磷钾与小麦产量、花生产量数学模型

项目	数学模型
小麦产量	$y_W=490.6181+35.79x_1+35.7652x_2+26.4528x_3+10.0512x_1x_2+6.7388x_1x_3$ $-0.0359x_2x_3-68.1547x_1^2-44.3571x_2^2-47.8523x_3^2$ $F_{回}=586.5$
花生产量	$y_P=402.6959+37.4781x_1+29.086x_2+24.370x_3+8.4288x_1x_2-1.4757x_1x_3$ $+16.7797x_2x_3-49.7030x_1^2-32.9305x_2^2-27.3793x_3^2$ $F_{回}=137.1$

1. 氮、磷、钾产量效应

偏回归系数显著性检验表明，小麦除 x_2 和 x_3 交互项、花生除 x_1 和 x_3 交互项未达 5% 的显著水平，花生除 x_1 和 x_2 交互项达 5% 显著水平外，其余各项回归系数均达到极显著水平。表明氮磷钾三元素对小麦、花生两作产量作用明显，而且 N 与 P、K 交互效应对小麦及 P 与 N、K 交互效应对花生作用显著，生产中应注意元素间配施。

2. 产量优化措施方案

小麦产量在 6000～7500 kg·hm^{-2} 的组合数 33，当茬施肥量为 N 192.6～257.9 kg·hm^{-2}，P_2O_5 143.3～211.5 kg·hm^{-2}，K_2O 133.4～201.8 kg·hm^{-2}；花生产量在 5250～6750 kg·hm^{-2} 的组合数 28，当茬施肥量为 N 49.1～67.6 kg·hm^{-2}，P_2O_5 40.9～56.4 kg·hm^{-2}，K_2O 38.5～55.5 kg·hm^{-2}（表 6-16）。

表 6-16　小麦、花生双高产优化措施方案

作物	产量水平（kg·hm^{-2}）	频数	因子	因子编码值			作物当茬施肥量（kg·hm^{-2}）
				平均	标准差	95%置信区间	
小麦	6000～7500（7619.0）	33	x_1	0.251（0.31）	0.510	0.070～0.433	192.6～257.9（235.8）
			x_2	0.182（0.44）	0.640	-0.045～0.410	143.3～211.5（216.0）
			x_3	0.122（0.30）	0.655	-0.111～0.345	133.4～201.8（195.0）
花生	5250～6750（6419.1）	28	x_1	0.297（0.42）	0.533	0.090～0.503	49.1～67.6（63.9）
			x_2	0.297（0.66）	0.533	0.090～0.503	40.9～56.4（62.3）
			x_3	0.254（0.64）	0.587	0.027～0.481	38.5～55.5（61.5）

注：括号内数值为作物最高产量及取得最高产量时各因素编码值和措施值

小麦最高产量可达 7619.0 kg·hm^{-2}，相应的当茬施肥量为 N 235.8 kg·hm^{-2}、P_2O_5 216.0 kg·hm^{-2}、K_2O 195.0 kg·hm^{-2}，分别占全年施肥量的 79%（N）、78%（P）和 76%（K），氮磷钾配比为 1：0.92：0.83；花生最高产量可达 6419.1 kg·hm^{-2}，

相应的当茬施肥量为 N 63.9 kg·hm^{-2}、P$_2$O$_5$ 62.3 kg·hm^{-2}、K$_2$O 61.5 kg·hm^{-2}，氮磷钾配比为 1：0.97：0.96。

3. 效益优化措施方案

小麦效益在 9 000～12 000 元·hm^{-2} 范围内的组合数 39，当茬施肥量为 N 153.9～221.0 kg·hm^{-2}、P$_2$O$_5$ 138.9～199.7 kg·hm^{-2}、K$_2$O 118.8～178.9 kg·hm^{-2}；花生效益在 15 000～19 000 元·hm^{-2} 范围内的组合数 32，当茬施肥量为 N 50.5～67.2 kg·hm^{-2}、P$_2$O$_5$ 36.7～52.8 kg·hm^{-2}、K$_2$O 36.5～51.9 kg·hm^{-2}（表 6-17）。

小麦最高效益可达 11 740 元·hm^{-2}，相应的当茬施肥量为 N 199.8 kg·hm^{-2}、P$_2$O$_5$ 189.0 kg·hm^{-2}、K$_2$O 157.5 kg·hm^{-2}，氮磷钾配比为 1：0.95：0.79，分别占全年施肥量的 76%（N）、76%（P）和 73%（K）；花生最高效益可达 18 643 元·hm^{-2}，相应的当茬施肥量为 N 62.1 kg·hm^{-2}、P$_2$O$_5$ 60.0 kg·hm^{-2}、K$_2$O 58.5 kg·hm^{-2}，氮磷钾配比为 1：0.97：0.94。

表 6-17　小麦、花生两作高效优化措施方案

作物	效益（元·hm^{-2}）	频数	因子	因子编码值			作物当茬施肥量（kg·hm^{-2}）
				平均值	标准差	95%置信区间	
小麦	9 000～12 000（11 740）	39	x_1	0.041（0.11）	0.557	−0.145～0.228	153.9～221.0（199.8）
			x_2	0.128（0.26）	0.625	−0.074～0.331	138.9～199.7（189.0）
			x_3	−0.007（0.05）	0.619	−0.208～0.193	118.8～178.9（157.5）
花生	15 000～19 000（18 643）	32	x_1	0.309（0.38）	0.514	0.123～0.494	50.5～67.2（62.1）
			x_2	0.194（0.60）	0.597	−0.022～0.409	36.7～52.8（60.0）
			x_3	0.157（0.56）	0.633	−0.027～0.385	36.5～51.9（58.5）

注：括号内数值为作物最高产量及取得最高产量时各因素编码值和措施值

五、有机肥不同用量与分配方式

有机肥在作物施肥系统中占有重要地位，为了探明小麦花生两熟制条件下有机肥用量与分配比例对小麦、花生产量及效益的影响，1999～2000 年在龙口市进行了大田试验。

试验采用裂区设计，主区为有机肥全年用量，副区为分配方式，具体见表 6-18。供试土壤为沙壤土，0～30 cm 土壤有机质 0.88%，速效氮 75 mg·kg^{-1}，速效磷 21.4 mg·kg^{-1}，速效钾 61 mg·kg^{-1}。小麦每公顷基施尿素 105 kg，过磷酸钙（含 P$_2$O$_5$ 12%）750 kg，硫酸钾（含 K$_2$O 50%）150 kg，拔节期追施尿素 150 kg；花生基施三元复合肥（N、P$_2$O$_5$、K$_2$O 各含 15%）450 kg。试验用有机肥为普通农家圈肥。小麦基肥于秋耕前撒施。花生基肥于麦收后花生播种前一次性撒施,施肥后将肥料混于 5~15 cm 土层内。供试品种小麦'莱州 953',花生'鲁花 14'。

表 6-18　试验设计　　　　　　（单位:t·hm⁻²）

主区 A	全年施肥量	副区 B	有机肥分配方式	
			小麦	花生
A₁	75	B₁	75	0
		B₂	60	15
A₂	45	B₁	45	0
		B₂	30	15
A₃	15	B₀	0	0
		B₁	15	0
		B₂	0	15

1. 有机肥用量对小麦产量构成因素的影响

小麦每公顷穗数、穗粒数和千粒重具有相同的变化趋势,随有机肥用量的增加,三因素均有不同程度的增加,其中影响最大的是穗粒数,每穗增加 1.6~4.8 粒,提高 5.1%~15.4%。其次为千粒重,增加 1.9~4.7 g,提高 4.7%~11.5%。影响最小的是每公顷穗数,每公顷增加 10.5 万~42.0 万穗,仅提高 2.4%~9.7%。这一结果与三因素多重比较结果一致（表 6-19）。

表 6-19　有机肥用量对小麦产量构成因素的影响

处理	小麦有机肥实际用量（t·hm⁻²）	穗数（万穗·hm⁻²）	穗粒数（粒）	千粒重（g）
A₁B₁	75	474.0a	35.9a	45.5a
A₁B₂	60	472.5a	35.6ab	45.2a
A₂B₁	45	471.0a	34.3bc	44.8a
A₂B₂	30	463.5a	33.3cd	43.7b
A₃B₁	15	442.5b	32.7d	42.7b
A₃B₂	0（CK）	432.0b	31.1e	40.8c

注:表中显著性测验水平取 0.05,本章下同

2. 有机肥用量对小麦产量的影响

有机肥用量与小麦产量的关系,符合曲线 $y=-0.2913x^2+52.06x+5472.6$（图 6-8）,根据曲线,当有机肥用量达到 89.4 t·hm⁻²,小麦产量可取得最大值,此时产量可达

到 7798.6 kg·hm^{-2}。这一施肥量超过了本试验所设计的最高施肥量 75 t·hm^{-2}，说明本试验设计施肥量还不能充分挖掘小麦的增产潜力。在实际生产中，如果肥源充足，用量还可适当增加。单位重量有机肥的小麦增产量随有机肥用量的增加而减少，当有机肥用量为 15 t·hm^{-2} 时，小麦增产量为 45 kg·hm^{-2}；当有机肥用量增至 75 t·hm^{-2} 时，小麦增产量减至 30 kg·hm^{-2}，二者关系符合 $y = -0.244x + 49.1$（图 6-8）。

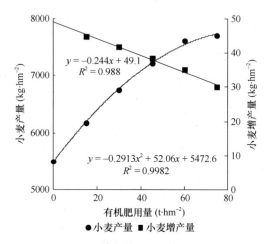

图 6-8　有机肥用量对小麦产量的影响

3. 有机肥用量与分配对花生产量性状的影响

由表 6-20 可以看出，全年有机肥用量对花生单株果数和果重作用明显，有机肥用量减少，单株果数少，百果重低。显著性测验只有 A$_2$ 和 A$_3$ 两处理百果重没有达到显著水平。分配方式对单株果数和百果重也有一定影响，B$_2$ 高于 B$_1$，表明花生茬施一定数量有机肥，有助于花生产量性状的形成，但不显著，这在一定程度上表明全年有机肥用量比分配方式对花生产量性状更为重要。由表 6-21 可知，单株果数的最优组合为 A$_1$B$_2$，但与 A$_1$B$_1$ 和 A$_2$B$_2$ 两处理差异不显著。百果重的最优组合为 A$_1$B$_1$，达到 163.9 g，但除 A$_3$B$_1$ 外，与其他各处理的差异均未达到显著水平，特别是与 A$_1$B$_2$ 的差异仅有 0.7 g。上述分析表明，有机肥用量与分配对单株果数影响较大，而对百果重影响较小。

4. 有机肥用量与分配对花生产量的影响

全年有机肥用量对花生产量增产显著，有机肥用量高，花生产量亦高，处理间差异显著，而分配方式对花生产量影响较少，处理间差异不显著（表 6-20）。进一步分析表明，当全年有机肥用量较大时（75 t·hm^{-2}），分配方式对花生产量影响较小，差异不显著。当有机肥用量在 45 t·hm^{-2} 以下时，分配方式对花生产量作用明显，花生茬施肥的处理，产量明显高于肥料全部施在小麦上的处理（表 6-21）。因此，要获得后茬花生较高的产量，有机肥的分配方式应视全年施肥量而定。当全年用量较高时，可以分作施肥，亦可全部施在前茬小麦上；而当全年用量在中等水平以下时，花生茬最好施一定数量的有机肥。

表 6-20 有机肥用量与分配方式对花生产量及其性状的影响

主处理（全年用量）				副处理（分配方式）			
处理	单株果数（个）	百果重（g）	产量（kg·hm⁻²）	处理	单株果数（个）	百果重（g）	产量（kg·hm⁻²）
A₁	10.8a	163.6a	4777.5a	B₁	9.5a	155.3a	4404.0a
A₂	9.7b	155.2b	4504.5b	B₂	10.0a	157.9a	4551.0a
A₃	8.9c	151.0b	4147.5c				

表 6-21 有机肥用量与分配方式对花生产量性状、产量及全年效益的影响

处理	单株果数（个）	百果重（g）	荚果产量（kg·hm⁻²）	前茬肥料的后效作用（kg·hm⁻²·t⁻¹）
A₁B₁	10.6a	163.9a	4758.0a	13.8
A₁B₂	11.0a	163.2a	4797.0a	/
A₂B₁	9.4bc	153.2ab	4438.5c	15.9
A₂B₂	10ab	157.3ab	4572.0b	/
A₃B₁	8.6c	148.9b	4014.0e	19.5
A₃B₂	9.2bc	153.2ab	4281.0d	/
A₃B₀	8.1	141.0	3723.0	/

5. 有机肥对花生产量的后效作用

由表 6-21 可知，前茬有机肥对后茬花生具有较大的后效作用，后效增产为 $13.8\sim19.5$ kg·hm⁻²·t⁻¹，施肥量少，花生增产多，但差距并不很大，这在一定程度上解释了当全年有机肥用量较高时，分配方式对花生产量影响不大的原因。根据本试验结果，当全年有机肥用量达到 75 t·hm⁻² 时，仅前茬的后效作用便可使花生增产 1035 kg·hm⁻²。

六、不同种类肥料对小麦、花生产量和品质的影响

1. 有机肥与无机肥配施对小麦花生产量和品质的影响

盆栽试验表明，有机肥（圈肥或豆饼）与无机肥（复合肥）配施效果优于单施无机肥、单施有机肥（圈肥或豆饼）和不施肥处理，其中圈肥与复合肥配施处理小麦花生产量最高，小麦比不施肥处理增产 45.5%，花生增产 29.1%；有机肥（圈肥或豆饼）与无机肥（复合肥）配施小麦蛋白质含量高于不施肥处理，单施有

机肥或无机肥处理小麦蛋白质含量与不施肥处理差异不显著；圈肥与复合肥配施处理花生蛋白质和脂肪含量最高，但和其他施肥处理间差异不显著，但均高于不施肥处理（表 6-22）。

表 6-22　施肥对小麦和花生产量及品质的影响

处理	产量（g·盆$^{-1}$）		品质			
	小麦	花生	小麦	花生		
			蛋白质（%）	蛋白质（%）	粗脂肪（%）	
F$_1$	27.8bc	27.1bc	12.6ab	23.9a	53.6a	
F$_2$	27.1c	26.9bc	11.8ab	22.9a	53.9a	
F$_3$	31.0ab	28.9b	12.5ab	23.3a	53.8a	
F$_4$	33.9a	32.4a	13.6a	24.1a	54.2a	
F$_5$	31.6a	30.1ab	13.1a	23.5a	54.1a	
F$_6$	23.3d	25.1c	10.7b	21.1b	51.5b	

注：F$_1$. 圈肥 75 000 kg·hm^{-2}；F$_2$. 豆饼 7500 kg·hm^{-2}；F$_3$. 复合肥 750 kg·hm^{-2}；F$_4$. 圈肥 75 000 kg·hm^{-2}+复合肥 750 kg·hm^{-2}；F$_5$. 豆饼 7500 kg·hm^{-2}+复合肥 750 kg·hm^{-2}；F$_6$. 不施肥（对照）

2. 硫、锌对小麦、花生产量及品质的影响

盆栽试验结果表明，单施硫或锌，对小麦、花生产量影响不明显，硫锌配施花生两作均增产。其中小麦增产效果以每盆施硫 0.16 g +锌 0.08 g 为最好，比对照增产 14.9%，花生增产效果以每盆施硫 0.48 g + 锌 0.16 g 为最好，比对照增产 17.8%。综合小麦花生两作产量，全年经济适宜硫用量以每盆施 0.16 g～0.48 g 为宜，相当于每公顷施硫 15～45 kg；适宜锌肥用量以每盆 0.08～0.16 g 为宜，相当于每公顷施锌 7.5～15 kg。

施硫、锌能够同时改善小麦、花生的品质。锌单施或与硫配施，可显著提高小麦蛋白质含量，使蛋白质含量提高 1.2～2.4 个百分点，而硫对小麦蛋白质含量影响不大。硫单施或与锌配施对花生粗脂肪含量具有较明显的促进效应，脂肪含量提高 1.6～2.2 个百分点，且以每盆施硫 0.48 g+锌 0.16 g 效果最好，表明硫、锌配施效果稍优于硫单施。与对粗脂肪的影响不同，硫锌配施与硫单施对花生蛋白质的作用效果相似，含量提高 2.5～2.8 个百分点（表 6-23）。

表 6-23　硫、锌对小麦、花生产量及品质的影响

处理	用量（g·盆$^{-1}$）	产量（g·盆$^{-1}$）		品质		
		小麦	花生	小麦	花生	
				蛋白质含量（%）	粗脂肪含量（%）	蛋白质含量（%）
锌	0.16	28.3ab	59.4bc	14.3ab	53.5bc	23.2b
硫	0.48	30.9ab	62.4bc	14.0bc	54.4ab	24.7a

续表

处理	用量 (g·盆$^{-1}$)	产量 (g·盆$^{-1}$)		品质		
		小麦	花生	小麦	花生	
				蛋白质含量（%）	粗脂肪含量（%）	蛋白质含量（%）
硫+锌	0.16+0.08	31.6a	64.6ab	14.1b	54.6ab	24.6a
硫+锌	0.48+0.16	27.9ab	68.7a	15.3a	55.0a	24.9a
硫+锌	0.8+0.32	29.3ab	64.9ab	14.4ab	54.5ab	24.6a
对照（不施肥）	0	27.5b	58.3c	12.9c	52.8c	22.1b

第四节 小麦花生两熟制一体化施肥计算机决策系统

根据作物对营养元素的需求、土壤理化特性及目标产量，对作物实现"精确"施肥，是现代化农业生产对农作物平衡施肥提出的新的要求。随着计算机在农业上的广泛应用，小麦、玉米、水稻等主要粮食作物平衡施肥系统相继问世，使施肥技术的内容变得更加丰富，肥料用量更加精确，为实现我国农业生产的高产高效做出了巨大贡献。为了使小麦、花生施肥更加精确，作者开发了小麦花生两熟制一体化施肥专家决策系统。现将该系统的基本原理简介如下。

一、基本模型

小麦花生两熟制一体化栽培全年实际施肥量的基本模型：

$$F = F_0 \times K \times S \times M \times Y_C / P \tag{6-1}$$

式中，F 为实际施肥量；F_0 为氮（N）磷（P_2O_5）钾（K_2O）基础施用量；K 为土壤肥力系数；S 为土壤类型系数；M 为有机肥用量系数；Y_C 为目标产量系数；P 为肥料有效成分含量。

1. 基础施肥量

根据小麦花生两熟制多年多点试验及双高产栽培实践，在肥力中等或偏上，质地良好的轻壤~沙壤土上，小麦花生两熟双 6.75~7.5 t·hm^{-2} 的田块，全年需施纯 N（345±30）kg，P_2O_5（255±15）kg，K_2O（285±15）kg，以此量为决策系统的基础用量。

2. 土壤肥力系数

根据山东土壤肥力现状，结合试验田基础肥力，将土壤肥力划分为 4 级（表 6-24）。

表 6-24 土壤肥力系数

养分	土壤养分含量（mg·kg^{-1}）	土壤肥力系数
碱解氮	>120	0.8
	80～120	0.9
	40～80	1.0
	<40	1.1
速效磷	>40	0.9
	20～40	1.0
	10～20	1.1
	<10	1.2
速效钾	>110	0.7
	90～110	0.8
	60～90	0.9
	<60	1.0

注：表中养分含量指小麦播种前土壤 0～30 cm 土壤养分含量；

表中两个相邻范围数值有重复时，系数值取较高一个（下同）；例若某一土壤碱解氮是 90 mg·kg^{-1} 时，K 值取 0.9

若土壤养分无条件分析或来不及分析，可根据小麦常年产量粗略地估计土壤肥力系数（表 6-25）。常年产量指在通常气候和常规栽培措施条件下作物的产量。此产量亦称土壤的一般生产力，在一定程度上反映了土壤的基础肥力。

表 6-25 小麦常年产量与土壤肥力系数

土壤肥力系数	0.9	1.0	1.1	1.2
常年产量（t·hm^{-2}）	>7.5	6.0～7.5	4.5～6.0	3.0～4.5

3. 土壤类型系数和有机肥用量系数

土壤类型系数见表 6-26。有机肥用量系数见表 6-27。

表 6-26 土壤类型系数

土壤类型系数	黏土	重壤	中壤	沙壤～轻壤	砂土
S	0.925	0.950	0.975	1.00	1.05
S$_K$	0.900	0.925	0.950	1.00	0.950

表 6-27 有机肥用量系数

有机肥用量系数	1.1	1.0	0.95	0.90	0.85
用量（kg·hm^{-2}）	0	15～30	30～45	45～60	60～75

4. 目标产量及产量系数

（1）小麦目标产量

即使在气候条件和栽培措施均处于有利于作物生长发育水平时，不同土壤生产潜力亦存在一定差异，这种差异是由土壤内部因子造成的。因此，在科学平衡施肥决策系统中，作物目标产量的确定，应遵循既能通过施肥充分发挥作物的增产潜力，达到提高产量的目的，又不超出正常生产条件下土壤的生产潜力。通过研究得出，在小麦花生两熟制一体化栽培体系中，小麦最高目标产量：

$$Y_{MW}=(90\%Y_W+10\%Y_M)\times V\times C \qquad (6\text{-}2)$$

式中，Y_W 为小麦常年产量，一般可取前 5～7 年产量的平均数（除去自然灾害严重年份及历史最高产量）；Y_M 为历史最高产量，该产量反映了作物在最适生育条件下，土壤的最高生产能力，亦称土壤生产潜力；V 为品种系数（表 6-28）；C 为调节系数，一般为 1.1～1.4，主要受小麦常年产量、施肥水平和水浇条件的影响（表 6-29）：

$$C=C_Y\times C_F\times C_I \qquad (6\text{-}3)$$

表 6-28　品种系数

品种系数	1.1	1.05	1.0	0.95	0.9
小麦	'泰山 21'、'泰山 22'、'泰山 23'、'济麦 20'、'烟农 23'	'鲁麦 17'、'鲁麦 21'、'鲁麦 23'、'济南 17'、'济南 19'、'烟农 18'、'烟农 19'	'鲁麦 5'、'鲁麦 7'、'鲁麦 8'、'鲁麦 11'、'鲁麦 12'、'鲁麦 13'、'鲁麦 14'、'鲁麦 15'	'鲁麦 1'、'鲁麦 2'、'鲁麦 3'、'泰山 4'、泰山 5'、'烟农 685'、'烟农 15'	'济南 2'、'济南 4'、'济南 6'、'济南 8'、'济南 9'、'济南 10'、泰山 1'、'烟农 78'
花生	'花育 22'、'花育 25'、'花育 26'	'花育 16'、'花育 19'、'丰花 1'	'鲁花 11'、'鲁花 14'、'8130'	'鲁花 9'、'79266'	'鲁花 12'、'鲁花 13'

表 6-29　调节系数

项目	水平	C
常年产量 C_Y	>450 t·hm⁻²	1.025
	350～450 t·hm⁻²	1.050
	250～350 t·hm⁻²	1.075
常年施肥情况 C_F	施氮磷钾肥	1.05
	仅施三种中任意两种	1.10
	仅施其中一种（或花生不施肥）	1.15
灌溉条件 C_I	随时可灌溉	1.00（1.00）
	需要时基本准时	0.95（1.00）
	可灌溉，有时难以准时	0.90（0.95）

注：表中花生 C_I 用括号内系数，其余两系数（C_Y 和 C_F）小麦与花生相同

（2）花生常年产量与小麦常年产量的关系

在正常气候条件和一般生产条件下，小麦花生两熟制栽培体系中的后茬花生与前茬小麦常年产量有一定关系，现分述如下。

1）等行麦套种 （包括小垄宽幅麦套种和 30 cm 等行距套种）和畦田麦夏直播在轻壤～沙壤土上，等行麦露栽套种花生和畦田麦夏直播覆膜花生常年产量（Y_P）与小麦常年产量（Y_W）的关系：

$$Y_P=\begin{cases} -1033.8+1.029Y_W, & r=0.9059^{**}（等行麦套种） \\ 134.32+0.7767Y_W, & r=0.9703^{**}（夏直播） \end{cases} \qquad (6\text{-}4)$$

2）大垄宽幅麦套种 由于该方式花生套期与春播花生播期相近，小麦花生共生期较长，因而与等行麦和夏直播两种方式相比，花生产量除受土壤因素影响外，同时受到小麦产量及套种行距的影响。

当小麦花生两作面积比为 2：7 时，即小麦花生畦宽 90 cm，其中小麦播幅20 cm，花生套种行 70 cm，覆膜花生产量（Y_P）与小麦产量（Y_W）的关系：

$$Y_P=\begin{cases} 1366.1e^{0.0003Y_w}, & 当 Y_W\leqslant5.5 \text{ t·hm}^{-2}, r=0.9494^{**} \\ Y_W-4.2064e^{0.0007Y_w}, & 当 Y_W>5.5 \text{ t·hm}^{-2}, r=0.9766^{**} \end{cases} \qquad (6\text{-}5)$$

由试验得，花生产量 Y_H 与小麦花生畦宽 Y_H（固定小麦行距在 20 cm）的关系：

$$Y_H= 963.9+53.3X_H （70\leqslant X_H\leqslant90 \text{ cm}）, r=-0.9686^{**} \qquad (6\text{-}6)$$

由式(6-6)知，在畦宽 70～90 cm，畦宽每减少 1 cm，花生平均减产 799.5 kg·hm^{-2}。

将式（6-6）经适当变换并代入式（6-5）：

$$Y_P=\begin{cases} 1366.1e^{0.0003Y_w}-53.3（1-X_H）\times90, & 当 Y_W\leqslant5.5 \text{ t·hm}^{-2} \\ Y_W-4.2064e^{0.0007Y_w}-53.3（1-X_H）\times90, & 当 Y_W>5.5 \text{ t·hm}^{-2} \end{cases} \qquad (6\text{-}7)$$

（3）花生目标产量

与小麦相似，花生最高目标产量（Y_{MP}）：

$$Y_{MP}=Y_P\times S_K\times V\times C \qquad (6\text{-}8)$$

系数 S_K、V、C 分别见表 6-26、表 6-28 和表 6-29。若宽垄麦和夏直播花生实行露地栽培，则 Y_{MP} 再乘以系数 0.85。

（4）目标产量系数

小麦花生两作全年目标产量系数（Y_C）：

$$Y_C=\begin{cases} 0.6Y_{WC}+0.4Y_{PC}（N） \\ 0.5Y_{WC}+0.5Y_{PC} \\ 0.45Y_{WC}+0.55Y_{PC}（K_2O） \end{cases} \qquad (6\text{-}9)$$

Y_{WC}、Y_{PC} 分别为小麦目标产量系数和花生目标产量系数表 6-30。

表 6-30　小麦、花生目标产量系数

Y_{WC} 或 Y_{PC}	1.2	1.1	1.0	0.9	0.8	0.7	0.6
Y_{WT} 或 Y_{PT}	≥8.25	7.5～8.25	6.75～7.5	6.0～6.75	5.25～6.0	4.5～5.25	3.75～4.5

注：Y_{WT} 和 Y_{PT} 分别为小麦和花生实际目标产量（t·hm^{-2}）

正常条件下，小麦、花生的目标产量应控制在 Y_W（或 Y_P）≤Y_{WT}（或 Y_{PT}）≥Y_{MW}（或 Y_{MP}）。只要生产、资金等条件允许，目标产量应尽量等于或接近最高目标产量，以充分发挥土壤的增产潜力，实现农业的高产高效。

二、施肥技术

小麦花生两熟制施肥的原则是重施小麦前作肥，适当补施花生肥。施肥方法为有机肥全部施在小麦上，氮磷钾化肥前后两作适宜的分配比随全年施肥量的不同而略有差异（表 6-31）。

前茬小麦施肥方法为全部有机肥、小麦茬的磷、钾化肥加上 1/3 小麦茬的氮肥，做小麦基肥，剩余 2/3 氮肥做小麦追肥。追肥要根据麦苗长势而定，一般可分两次：冬前结合浇冬水可追施纯 N 30～45 kg·hm^{-2}，余下部分于小麦起身拔节期结合浇水追施。

花生茬肥料应以基肥为主，夏直播花生可在麦收后花生起垄前撒施或起垄时将肥料包施在垄内。宽垄麦套种花生可在花生套种前 15～20 天，在套种垄上开三条深 20 cm 左右的沟（等行距），将肥料均匀地撒施在三条沟内，或将肥料均匀地施在 0～20 cm 的土层内；等行麦套种花生一般可在麦收后花生始花前，结合中耕在花生植株两侧开沟条施。沟深 10～15 cm。施后覆土浇水。

表 6-31　小麦、花生前后两作肥料分配

全年施氮量 （kg·hm^{-2}）	小麦茬施氮 比例（%）	全年施磷量 （kg·hm^{-2}）	小麦茬施磷 比例（%）	全年施钾量 （kg·hm^{-2}）	小麦茬施钾 比例（%）
≥375	65～70	≥300	70	≥300	65
300～375	70～75	225～300	75	<300	70
225～300	80	<225	80		
<225	85				

三、决策系统的建立与操作

将上述内容用 BASIC 语言编成一个简单程序，使用时可直接进行人机对话。

使用者只要将程序所必需的信息输入计算机，计算机即可输出小麦、花生两作各自推荐施肥量及施肥方法，同时可预测出全年纯经济效益（图 6-9）。

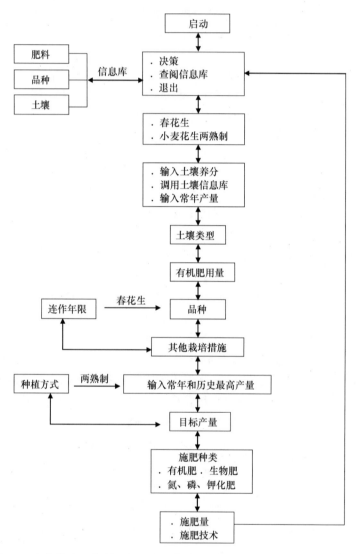

图 6-9　小麦花生两熟制和春花生计算机施肥决策系统（OFAS1.1）运行图

四、应用效果

该系统 1995～1998 年在山东的宁阳、临沭、牟平、莱西和河南的宁陵五县（市）进行应用，增产效果显著。小麦、花生分别平均增产 8.94% 和 12.34%（表 6-32）。

表 6-32　小麦花生两熟制一体化施肥决策系统定点观测应用效果

项目	小垄宽幅麦套种				大垄宽幅麦套种				畦田麦夏直播	
	宁阳（48）		宁陵（34）		牟平（43）		莱西（15）		临沭（36）	
	小麦	花生	小麦	花生	小麦	花生	小麦	花生	小麦	花生
常年产量	5.57	4.79	5.90	5.35	5.72	5.02	5.58	5.52	5.69	4.51
目标产量	6.23	5.59	6.45	5.91	6.28	6.23	6.24	6.15	6.33	5.16
实际产量	6.14	5.53	6.37	6.02	6.21	5.61	6.05	6.12	6.23	5.01
比对照±%	10.2	15.5	8.0	12.5	8.6	11.7	8.4	10.9	9.5	11.1

注：括号内数值为每县（市）实际定点观测地块数，对照为当地常规施肥的产量

第七章　粮油多熟制花生综合增产技术

针对粮油多熟制花生光热不足、个体发育差等问题，作者以增加花生光热量和改善植株营养状况为主攻目标，研究出以改革种植方式和施肥方法、建立高效复合群体等为主体的多熟制花生高产栽培关键技术。

第一节　麦套花生

一、小麦行距与花生套种期

套种是解决两熟制条件下花生生长季节光热不足最有效途径之一，套种期早晚直接关系到花生生育期间光热量增加的数量，而套种的早晚与套种行的宽度（即小麦行距）密切相关。为了找到一个兼顾小麦、花生两作产量的适宜小麦行距和花生套期，1993～1994 年，在山东省花生研究所试验站，以'莱州953'小麦品种，'鲁花14'花生品种为材料，开展了小麦行距与花生套种期二因子二次饱和D-最优设计试验。

1. 数学模型

小麦、花生产量与小麦行距和套期的数学模型列表 7-1。根据各回归系数显著性可知，小麦产量与小麦行距（x_1）关系密切，而花生套期（x_2）早晚对小麦产量无明显作用；行距与套期对花生产量均有较大影响，前者效应大于后者，同时行距与套期的交互作用显著，说明要获得较理想的花生产量，不同的行距应配以相应的套期，行距加宽，套期应适当提前。

表 7-1　数学模型

项目	模型	F 值
小麦产量	$y_W=7472.58-126.9524^{**}x_1-76.3401x_1^2-10.7024x_1x_2-44.4524x_2-64.4424x_2^2$ $F_{0.05(5,6)}=4.39 \quad F_{0.01(5,6)}=8.75$	7.0^*
花生产量	$y_P=5161.509+443.7029^{**}x_1-37.9111^{**}x_1^2-283.7969^{**}x_1x_2+312.453^{**}x_2-521.1451x_2^2$ $F_{0.05(1,6)}=5.99 \quad F_{0.01(1,6)}=13.74$	139.7^{**}

2. 行距对小麦产量的影响

小麦行距在 20～40 cm，小麦行距与小麦产量的关系为二次曲线，当行距为

21.7 cm 时，小麦产量达到最高 7525.4 kg·hm^{-2}；当小麦行距大于 21.7 cm 时，随小麦行距的增加，产量下降。小麦行距在 21.4～40 cm，行距每增加 5 cm，小麦平均减产 70 kg·hm^{-2}（图 7-1A）。

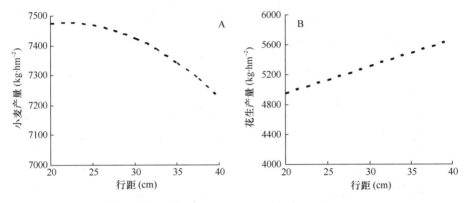

图 7-1　行距对小麦（A）和花生（B）产量的影响

3. 行距和套期对花生产量的影响

在行距 20～40 cm，花生产量随行距增宽而增加，二者呈极显著的正相关（r=0.9981**）。行距每增加 5cm，花生平均增产 179.3 kg·hm^{-2}。花生产量达到 5300 kg·hm^{-2} 的适宜行距应不小于 32.7 cm（图 7-1B）。

由表 7-2 和图 7-2 可知，当小麦行距分别取 20 cm、30 cm 和 40 cm 时，套期与产量均符合二次曲线方程，各方程间差别在于：随小麦行距的增加，花生整体产量效应增加，最适套期提前。小麦行距在 20 cm 基础上，每增加 5 cm，花生适宜的套期平均提前 2.7 天。若取行距为 30～40 cm，花生适宜的套期应为麦收前 24～29 天。

表 7-2　不同小麦行距花生产量与套种期的关系

行距（cm）	子模型	最适套期（天）	最高产量（kg·hm^{-2}）
20	y=4679.895+596.2499x_2－521.1451x_2^2	18.6	4850.4
25	y=4930.1798+454.3515x_2－521.1451x_2^2	21.2	5029.2
30	y=5161.509+312.453x_2－521.1451x_2^2	24.0	5208.3
35	y=5373.8827+170.5546x_2+521.1451x_2^2	26.8	5387.8
40	y=5567.3008+28.6561x_2－521.1451x_2^2	29.4	5567.7

注：最适套期为麦收前天数

综上所述，在麦套生产中，小麦行距对小麦花生两作量均产生一定的影响。在一定范围内（小麦 22～40 cm，花生 20～40 cm），行距加宽，小麦产量下降，花生产量上升。行距每增加 5 cm，小麦平均减产 70 kg·hm^{-2}，花生平均增产 179 kg·hm^{-2}，二者产量差为 109 kg·hm⁻²，效益差为 453.8 元·hm⁻²。兼顾小麦花生两作产量及全年效益，小麦适宜行距为 30～40 cm，麦收前 24～29 天套种花生。

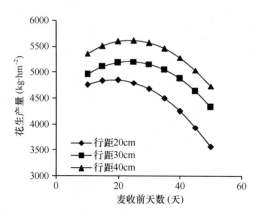

图 7-2 不同行距条件下套期对花生产量的影响

二、花生密度与套期优化配置

套种时间和种植密度是影响麦套花生产量的主要因素，为明确两因素对产量的单独以及交互效应，2000～2001 年花生密度与套期二因子二次饱和 D-最优设计试验。小麦 30 cm 等行距播种，供试花生品种'花育 16'。

1. 数学模型

产量与密度（x_1）和套期（x_2）的数学模型：

$$y=4664.264–174.5926x_1–723.1585x_1{}^2–120.2175x_1x_2+111.1574x_2–810.8233x_2{}^2$$

根据上述模型回归系数可知，密度的产量效应大于套期，套期与密度呈负向交互效应，当套期晚时，花生适宜密度应相应增加，才能获得较为理想的产量（万书波等，2004）。

2. 密度效应

通过计算机寻优，花生最佳播期为麦收前 22 天（5 月 18 日），最适密度为 15.55 万穴·hm⁻²，此时花生产量最高可达到 4679.4 kg·hm⁻²。花生产量＞4600 kg·hm⁻² 的适宜密度为 13.1 万～18.0 万穴·hm⁻²（图 7-3）。

夏直播花生最适密度为 16.22 万穴·hm⁻²，最高花生产量为 3743.3 kg·hm⁻²，比套种花生最高产量低 936.1 kg·hm⁻²，相当于自花生最适套期开始，花生播期每推迟 5 天，花生最少减产 187.2 kg·hm⁻²，因此，适期套种花生高产的主要措施之一。花生产量在 3700 kg·hm⁻² 以上适宜密度为 14.4 万～18.0 万穴·hm⁻²（图 7-3 和表 7-3）。

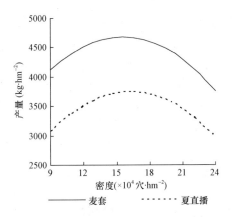

图 7-3　麦套和夏直播花生产量与密度的关系

表 7-3　不同播期花生适宜密度和最高产量

日期（种植方式）	最适密度（万穴·hm^{-2}）	最高产量（kg·hm^{-2}）
5 月 18 日（麦套）	15.55	4679.4
6 月 12 日（夏直播）	16.22	3743.3

3. 套期效应

当密度固定在 16.5 万穴·hm^{-2}，不同播期与产量的关系为：$y=4664.264+111.1574x-810.8233x^2$，产量稳定在 4600 kg·hm^{-2} 的适宜套期为麦收前 16～29 天（图 7-4）。

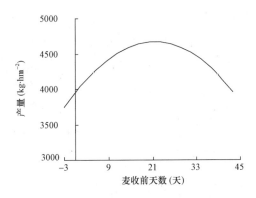

图 7-4　播期对花生产量的影响

三、麦套花生精播套期、肥料与密度优化配置研究

随着我国生产条件的改善和农业科技水平的提高，作物高产栽培正朝着多途径多方向发展。高产条件下，群体与个体矛盾突出，改常规的双粒穴播为单粒精

播，通过培育健壮个体，建立合理的高产群体，是未来花生高产高效栽培的有效途径之一。2004～2005 年，在山东省花生研究所试验站采用三因素二次饱和 D-最优设计进行了精播麦套花生套期、密度和肥料三因子试验。

试验地为沙壤土，小麦播种前 0～30 cm 土壤有机质 0.89%，碱解氮 66 mg·kg^{-1}，速效磷 20.8 mg·kg^{-1}，速效钾 47 mg·kg^{-1}。采用小垄宽幅麦套种方式。秋耕前小麦茬每公顷施三元复合肥（N、P$_2$O$_5$、K$_2$O 含量各 15%）50 kg，拔节期每公顷追施尿素 163 kg，6 月 18 日收获，品种为'莱州 95021'。

花生播期和氮肥用量按处理进行，密度通过株距调节，单粒播种。肥料于花生套种前 20 天在套种垄上开沟条施。其他肥料按 N∶P$_2$O$_5$∶K$_2$O =1∶1.1∶1.3 搭配。氮肥用尿素，磷肥用过磷酸钙，钾肥用硫酸钾。花生品种为'鲁花 11'。

1. 产量数学模型

花生套期（x_1）、密度（x_2）和氮肥（x_3）与产量的模型：

$$y = 5771.645+109.6484x_1-799.5388x_1^2-35.298x_2-357.0426x_2^2+195.3594x_3$$
$$-523.9571x_3^2-11.7549 x_1x_2+50.1533 x_1x_3-19.7937 x_2x_3$$

根据模型可知，套期与密度、密度与肥料间呈负向交互效应，即套期晚花生适宜密度应相应增加，密度增加氮肥用量可适当减少；套期与肥料间呈正向交互效应，套期早，氮肥用量也应适当增加，表明套期早时，花生茬的部分肥料有可能被小麦吸收。

2. 单因子效应分析

（1）套期效应

当密度和氮肥取最适水平时，最适套期为麦收前 22 天套种（5 月 28 日）。5 月 28 日以前，套种每提前 5 天，花生平均减产 243.1 kg·hm^{-2}；在 5 月 28 日以后，套期每推迟 5 天，花生平均减产 148.7 kg·hm^{-2}。因此，套种花生套期一般不要提前。要使花生产量稳定在 5000 kg·hm^{-2} 以上，花生应该在麦收前 17～27 天套种，即 5 月 23 日至 6 月 2 日播种。表明麦套花生的适宜套期较长（图 7-5A）。

（2）密度效应

当套期和氮肥分别固定在最适水平时，花生最适密度为 20.7 万株·hm^{-2}。15.0 万～20.7 万株·hm^{-2}，每增加 1 万株·hm^{-2}，花生平均增产 55.8 kg·hm^{-2}。产量稳定在 5750 kg·hm^{-2} 以上密度为 18.5 万～22.8 万株·hm^{-2}（图 7-5B）。

（3）氮肥效应

当套期和密度分别固定在最适水平时，花生氮肥最适用量为 89.3 kg·hm^{-2}。在

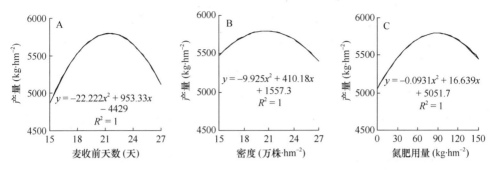

图 7-5 花生产量与套期（A）、密度（B）和氮肥用量（C）的关系

$0\sim89.3$ kg·hm^{-2}，氮肥每增加 1 kg·hm^{-2}，花生平均增产 8.3 kg·hm^{-2}。产量稳定在 5750 kg·hm^{-2} 以上的施氮量为 $67.3\sim113.4$ kg·hm^{-2}（图 7-5C）。

3. 夏直播花生密度和氮肥产量效应分析

（1）夏直播花生密度和氮肥优化组合

夏直播花生密度（x_2）、氮肥（x_3）与产量的两因子效应方程：

$$y = 4862.4578 - 23.5431x_2 - 357.0426x_2^2 + 145.2061x_3 - 523.9571 x_3^2 - 19.7937 x_2 x_3$$

根据上式可得，夏直播花生的最适密度为 20.8 万株·hm^{-2}，氮肥用量为 85.4 kg·hm^{-2}，最高产量可达到 4873.0 kg·hm^{-2}。该产量比套种花生最高产量低了 922.4 kg·hm^{-2}。因此，两熟制地区能够套种的地块，尽量不要夏直播。

（2）夏直播花生密度和氮肥单因素产量效应

夏直播花生密度（x_2）与产量的关系：$y = 4872.5179 - 26.3004 x_2 - 357.0426 x_2^2$，最适密度为 20.8 万株·hm^{-2}。在 15.0 万～20.8 万株·hm^{-2}，每增加 1 万株·hm^{-2}，花生平均增产 57.1 kg·hm^{-2}，比套种花生 55.8 kg·hm^{-2} 相比增加 1.3 kg·hm^{-2}，说明夏直播花生对密度更敏感些。夏直播花生产量≥4850 kg·hm^{-2} 密度为 19.3 万～22.3 万株·hm^{-2}（图 7-6A）。

当密度固定在最适水平时，花生最适氮肥用量为 85.4 kg·hm^{-2}。在 $0\sim85.4$ kg·hm^{-2}，氮肥每增加 1 kg·hm^{-2}，花生平均增产 8.0 kg·hm^{-2}，与套种花生的 8.3 kg·hm^{-2} 没有多大差别，说明夏直播花生的肥料利用与套种相近。产量≥4850 kg·hm^{-2} 氮肥用量为 $70.0\sim101.3$ kg·hm^{-2}（图 7-6B）。

4. 套期、密度和氮肥优化配置

根据产量数学模型可知，花生最高产量可达 5795.4 kg·hm^{-2}，具体措施为麦收前 22 天套种（5 月 28 日），密度 20.7 万株·hm^{-2}，施氮 89.3 kg·hm^{-2}。

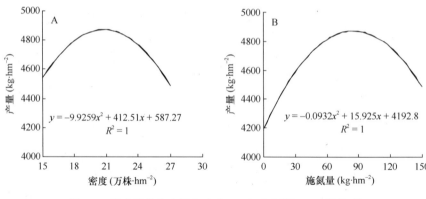

图 7-6 夏直播花生产量与密度（A）和氮肥（B）的关系

由表 7-4 可知，产量在 4500～5250 kg·hm^{-2} 优化措施组合为：麦收前 18～29 天套种（5 月 21 日～6 月 1 日），密度 18.8 万～22.2 万株·hm^{-2}，施氮 49.4～90.7 kg·hm^{-2}；产量在 5250～5795 kg·hm^{-2} 范围内的措施组合 18 个，其范围为麦收前 17～22 天套种（5 月 21 日～6 月 1 日），密度 18.9 万～22.7 万株·hm^{-2}，施氮 72.7～108.9 kg·hm^{-2}。

表 7-4 不同产量水平花生套期、密度和肥料优化措施方案

产量水平（kg·hm^{-2}）	频数	因子	措施值
4500～5250	30	套期（x_1）（天）	18～29
		密度（x_2）（万株·hm^{-2}）	18.8～22.2
		氮肥（x_3）（kg·hm^{-2}）	49.4～90.7
5250～5795	18	套期（x_1）（天）	17～22
		密度（x_2）（万株·hm^{-2}）	18.9～22.7
		氮肥（x_3）（kg·hm^{-2}）	72.7～108.9

四、花生产量、品质稳定性比较

为探明山东省不同生态区花生产量品质差异，2006 年在山东的鲁中鲁南花生主产区选择有代表性的地区 7 个。选用'鲁花 11'、'鲁花 14'、'丰花 5'、'潍花 8'、'花育 22'、'花育 23' 6 个花生品种为材料，其中'花育 22'为传统出口型大花生，'花育 23'为传统出口型小花生，其余为普通高产大花生。种植方式主要为小垄宽幅麦，花生于麦收前 20 天左右套种，每亩播种 10 000 穴左右。

1. 产量及产量性状差异及稳定性

（1）产量

在山东省各生态区，'潍花 8'产量最高，平均为 4608.5 kg·hm^{-2}，余下依次

为'鲁花 14'、'花育 23'、'丰花 5'等（表 7-5）。方差分析结果（表 7-6）表明环境、品种和环境与品种互作对花生产量影响极显著，且环境＞品种＞环境与品种互作。花生的生育环境对产量起决定性作用，要获得较好的产量首先要有一个较好的生育环境。

表 7-5　不同生态区花生产量比较　　（单位：kg·hm^{-2}）

地点	'鲁花 11'	'鲁花 14'	'丰花 5'	'潍花 8'	'花育 22'	'花育 23'	均值
莒南	5425.0a	4962.5b	5037.5b	4787.5c	5362.5c	4937.5b	5085.4
薛城	2801.5b	3145.5a	3013.0ab	3115.5a	2640.0a	2874.5b	2931.7
曲阜	4669.0b	5018.5a	4779.0b	4873.0b	5013.0b	4998.0b	4891.8
汶上	6231.5c	6101.0c	6479.5b	7031.5a	6841.5a	6738.5b	6570.6
岱岳区	3294.5b	3571.0a	3262.5b	3412.0ab	3169.5ab	3567.0a	3379.4
曹县	3816.5a	3985.0a	4066.5a	4398.0a	3166.0a	3932.5a	3894.1
冠县	4268.0b	4485.5a	4330.5b	4642.0a	3704.5a	4019.0c	4241.6
均值	4358.0	4467.0	4424.1	4608.5	4271.0	4438.1	4427.8

表 7-6　花生产量方差分析

变异来源	自由度	F 值	$F_{0.05}$	$F_{0.01}$
区组	14	2.82	1.84	2.35
环境	6	862.09	2.23	3.08
品种	5	14.80	2.35	3.30
互作	30	5.98	1.63	1.97
误差	70	/	/	/
总变异	/	/	/	/

回归系数和回归离差是目前测定作物品种稳定性的两个重要参数。如果回归系数＞1，回归离差→0，说明品种对环境要求严格，属于环境敏感型品种；如果回归系数＜1，回归离差→0，说明品种对环境要求不严格，适应性强，属于环境稳定型品种；如果回归离差显著大于 0，说明该品种预测性较差，属于环境不稳定型品种。花生产量稳定性分析表明（表 7-7），所有不同品种均属于环境不稳定型品种，产量高低是一个综合因素共同作用的结果。

表 7-7　产量稳定性分析

品种	自由度	回归系数	回归离差
'丰花 5'	5	0.91	18 412.02
'花育 22'	5	1.16	92 985.63
'花育 23'	5	1.10	10 792.12
'鲁花 11'	5	0.93	19 650.22
'鲁花 14'	5	0.87	35 296.78
'潍花 8'	5	1.03	31 135.85

（2）产量性状

由表 7-8 知，环境、品种及环境与品种互作对农艺性状的影响较大，差异均达到极显著水平，表明花生产量性状表现是遗传因素和环境因素共同作用的结果。但不同性状两因素所占的比例不同，其中品种遗传因素对千克果数的影响大于环境，即千克果数主要取决于品种自身的特性，而单株果数和出米率受环境的影响大于品种。因此，单株果数多少对花生荚果产量高低有直接影响，所以，实际生产中通过适当的农艺措施来提高单株果数是一条有效的增产途径。

表 7-8　产量性状方差分析

变异来源	自由度	F 值			$F_{0.05}$	$F_{0.01}$
		单株果数	千克果数	出米率		
环境	5	1657.35	386.95	122.16	2.37	3.34
品种	5	40.46	994.81	28.14	2.37	3.34
互作	25	23.56	33.79	5.36	1.69	2.09

总体来说，植株高度和饱果率两个指标与产量相似，属于环境不稳定型。分枝数'鲁花 14'最好，属环境稳定性品种，'花育 22'、'鲁花 11'、'丰花 5'、'潍花 8'次之，'花育 23'属环境敏感型品种。所有品种单株果数和千克果数属于环境不稳定型品种，出米率'花育 22'、'丰花 5'和'潍花 8'属于稳定型品种，其他品种属于不稳定品种（表 7-9）。

表 7-9　产量性状及农艺性状稳定性分析

性状	项目	'丰花 5'	'花育 22'	'花育 23'	'鲁花 11'	'鲁花 14'	'潍花 8'
株高	回归系数	0.83	1.1	0.86	0.93	1.2	1.07
	回归离差	19.09	11.98	8.73	9.54	37.92	6.5
分枝数	回归系数	1.26	1.15	1.08	1.00	0.51	1.00
	回归离差	0.24	0.09	1.04	0.13	0.19	0.41
饱果率	回归系数	1.31	1.22	0.3	1.15	1.09	0.93
	回归离差	20.48	5.6	8.02	2.36	6.56	7.15
单株果数	回归系数	1.31	0.99	0.74	0.81	1.27	0.89
	回归离差	1.69	2.24	3.98	2.02	13.49	6.38
千克果数	回归系数	0.69	0.43	1.98	1.34	0.88	0.68
	回归离差	26.65	847.01	554.42	137.71	87.16	117.98
出米率	回归系数	0.91	0.84	1.14	1.24	1.3	0.58
	回归离差	0.000 02	0.000 34	0.000 00	−0.000 18	0.000 10	0.000 22

2. 花生脂肪和蛋白质含量差异及稳定性

从 6 个品种中选出'花育 22'、'花育 23'和'鲁花 11'分别代表传统出口型大、小花生和普通高产大花生，测定脂肪和蛋白质含量。

（1）花生脂肪和蛋白质含量差异

籽仁脂肪含量平均 46.66%。不同类型品种全省平均含量，'花育 22'最高，达 47.77%，'花育 23'次之，'鲁花 11'最低；籽仁蛋白质含量平均 22.39%，虽然品种间存在差异，但没有脂肪含量那样明显（表 7-10）。

方差分析结果表明，环境、品种和环境与品种的互作对籽仁脂肪含量的影响显著，均达到极显著水平。其中环境的作用尤为明显，表明环境对花生脂肪的形成至关重要。同时也要注意环境和品种的优化组合；环境和环境与品种互作对籽仁蛋白质含量的影响均达到极显著水平，其中环境 F 值高达 68.6494，表明环境对蛋白质的形成影响很大，而品种间籽仁蛋白质含量差异不显著（表 7-11）。

表 7-10　不同生态区花生脂肪、蛋白质含量　　　　　（%）

地点	脂肪含量				蛋白质含量			
	'鲁花 11'	'花育 22'	'花育 23'	平均	'鲁花 11'	'花育 22'	'花育 23'	平均
莒南	47.60	49.37	47.03	48.00	23.72	22.32	23.84	23.29
汶上	46.89	47.77	49.23	47.96	23.03	25.16	23.74	23.98
曲阜	46.42	49.26	45.85	47.18	21.49	23.41	21.95	22.28
薛城	45.78	48.56	47.73	47.36	24.43	24.45	24.76	24.55
冠县	45.06	45.20	44.13	44.80	19.66	19.43	18.18	19.09
曹县	43.99	46.44	43.67	44.70	21.82	21.24	20.47	21.18
平均	45.96b	47.77a	46.27b	46.66	22.36ab	22.67a	22.16b	22.39

注：同一指标不同列的小写字母表示 5%水平差异显著

表 7-11　脂肪和蛋白含量方差分析

变异来源	自由度	脂肪含量			蛋白质含量			$F_{0.05}$	$F_{0.01}$
		平方和	均方	F 值	平方和	均方	F 值		
区组	12	32.8648	2.7387	2.8499	3.2899	0.2741	0.5136	2.18	3.03
环境	5	103.9907	20.7981	21.6429	183.2036	36.6407	68.6494	2.62	3.90
品种	2	33.6851	16.8425	17.5267	2.3806	1.1903	2.2301	3.40	5.61
互作	10	31.7158	3.1715	3.3004	21.8181	2.1818	4.0878	2.26	3.17
误差	24	23.0631	0.9609	/	12.8096	0.5337	/	/	/
总变异	53	225.3197	/	/	223.5019	/	/	/	/

（2）脂肪和蛋白质含量稳定性分析

'鲁花 11' 脂肪含量对环境反应比较迟钝，适应性广，'花育 23' 对环境反应敏感，稳定性较差，'花育 22' 稳定性居中；蛋白质含量，'鲁花 11' 在不同环境表现最为稳定，'花育 22' 次之，属于稳定性品种，而 '花育 23' 极易受到环境的影响，属于不稳定型品种（表 7-12）。

表 7-12 花生脂肪、蛋白质含量稳定性分析

品种	自由度	脂肪含量			蛋白质含量		
		回归截距	回归系数	回归离差	回归截距	回归系数	回归离差
'花育 22'	4	3.925 3	0.939	0.571 26	0.878 9	0.973	0.643 82
'花育 23'	4	−13.339 6	1.277	0.714 02	−5.190 7	1.221	0.049 28
'鲁花 11'	4	9.417 9	0.783	0.027 70	4.312 8	0.806	0.245 15

第二节　畦田麦夏直播

一、秸秆还田

为了探明小麦花生两熟制条件下小麦秸秆还田对小麦、花生产量及土壤肥力的影响，1997～1998 年在龙口市进行了试验。试验地为沙壤土，1997 年麦收后 0～30 cm 土壤有机质 0.867%，碱解氮 67 mg·kg^{-1}，速效磷 18 mg·kg^{-1}，速效钾 62 mg·kg^{-1}。1997 年为小麦-夏玉米，不计产。1998 年为小麦-夏花生。小麦、花生品种分别为品种 '莱州 953' 和 '鲁花 14'。花生收获后分析各处理土壤有机质含量。秸秆还田处理是麦收后将麦秸截成 7～15 cm 不等的草段，并用木棒敲打使其松软，然后将其混施入 0～15 cm 层内。采用裂区设计，主区 A$_1$ 为 1997 年麦收后秸秆还田，7500 kg·hm^{-2}，A$_2$ 为 1997 年麦收后不实行秸秆还田；副区 B$_1$ 为 1998 年麦收后秸秆还田，7500 kg·hm^{-2}，B$_2$ 为 1998 年麦收后不实行秸秆还田。所有处理小麦播种前施三元复合肥（N、P$_2$O$_5$ 和 K$_2$O 各含 15%）750 kg·hm^{-2}，拔节期追尿素 375 kg·hm^{-2}；花生起垄前施三元复合肥 500 kg·hm^{-2}。

1. 小麦秸秆还田对小麦产量及产量性状的影响

1997 年进行小麦秸秆还田，对 1998 年小麦生长发育有明显促进作用。秸秆还田处理的穗数、穗粒数和千粒重较不还田处理分别多 10.5 万穗·hm^{-2}、0.9 粒和 1.5 g，增加 2.2%、2.7% 和 3.3%，但差异未达 5% 显著水平；产量提高 6.4%，达到 1% 极显著水平（表 7-13）。

表 7-13 小麦秸秆还田对小麦产量及产量性状的影响

处理	产量（kg·hm^{-2}）	穗数（万穗·hm^{-2}）	穗粒数（粒）	千粒重（g）
秸秆还田 A_1	7395.0A	478.5a	34.5a	46.6a
秸秆不还田 A_2	6949.5B	468.0a	33.6a	45.1a

注：同一列不同大写字母表示 1%水平差异显著，不同小写字母表示 5%水平差异显著，本章下同

2. 小麦秸秆还田对花生产量及产量性状的影响

无论是上一年度秸秆还田，还是花生当茬秸秆还田，对花生产量及产量性状均有一定的促进作用。仅上一年度进行秸秆还田+花生当茬不还田的处理比不还田处理单株果数增加 2.6 个，千克果数减少 41 个，花生增产 9.2%；仅花生当茬进行秸秆还田的比不还田处理单株果数增加 1.0 个，千克果数减少 29 个，花生增产 6.0%，效果低于仅上一年度秸秆还田的处理，但差异不明显；上一年度和花生当茬均进行秸秆还田的，较不还田处理单株果数增加 3.1 个，千克果数减少 48 个，花生增产 14.2%，居各处理之首（表 7-14）。

表 7-14 小麦秸秆还田对花生产量、产量性状及土壤（0～30 cm）有机质含量的影响

处理	产量（kg·hm^{-2}）	单株果数（个）	千克果数（个）	土壤有机质含量（%）
A_1B_1	4755.0a	12.1a	572a	0.901
A_1B_2	4549.5ab	11.6a	579a	0.871
A_2B_1	4414.5b	10.0ab	591a	0.882
A_2B_2	4165.5c	9.0b	620b	0.851

3. 小麦秸秆还田对土壤有机质的影响

小麦秸秆还田可明显提高土壤有机质含量。连续两年进行小麦秸秆还田，土壤有机质较不还田处理提高 0.05 个百分点，较试验前提高 0.034 个百分点；仅在上一年度进行小麦秸秆还田，土壤有机质较不还田处理提高 0.02 个百分点，较试验前提高 0.004 个百分点；仅在花生茬进行小麦秸秆还田，土壤有机质较不还田处理提高 0.031 个百分点，较试验前提高 0.015 个百分点（表 7-14）。

综上所述，在小麦-玉米和小麦-花生两熟制栽培条件下，上一年度（小麦-玉米）进行小麦秸秆还田，对第二年小麦、花生生长发育有明显促进作用，连续两年进行小麦秸秆还田，增产效果更好。

小麦秸秆还田同时可提高土壤有机质含量，改善土壤通透性，提高土壤生产潜力和持续增产的能力。在小麦-玉米、小麦-花生两熟制轮作周期中，若不连年

进行小麦秸秆还田，可选小麦-花生茬进行秸秆还田，既可改善花生当茬土壤通透性，有利于花生根系和荚果充分发育，增加产量，又可避免在玉米茬进行秸秆还田，玉米抗倒伏能力因土壤通透性增加而降低的问题。

二、抢茬早播，合理密植

夏直播花生生育期短，单株生产力低。要获得高产，一要抢茬早播，增加花生生育期，二要适当增加密度，依靠群体。试验表明，在 6 月 10～30 日 20 天范围内，播期每推迟 1 天，荚果减产 112.5～168 kg·hm^{-2}。夏直播花生的适宜密度以及密度与肥料的互作效应已在本章第一节相关部分介绍。

三、适期化控

试验于 2006 年在山东省花生研究所实验农场（莱西）进行。试验设 3 个处理：①调环酸钙盐 30 g·hm^{-2}（T1）；②调环酸钙盐 60 g·hm^{-2}（T2）；③清水（CK），花生 6 月 20 播种，7 月 20 日处理。供试花生品种为'花育 22'，调环酸钙由农药国家工程研究中心（天津）提供，剂型为 5%的可湿性粉剂。

调环酸钙对降低株高，减少千克果数，增加单株果数，提高出米率、收获指数，其中 T1 和 T2 处理花生荚果产量分别比对照增产 11.75 %和 7.24%，其中 T1 处理增产显著（表 7-15）。

表 7-15　调环酸钙对花生产量及产量性状的影响

处理	株高（cm）	单株果数（个）	出米率（%）	千克果数（个）	收获指数	产量（kg·hm^{-2}）
T1	36.5±1.1b	12.3±0.3a	66.8±2.1a	543.5±30.2c	0.58±0.03a	6117.3±207.9a
T2	33.2±0.9c	11.8±0.5a	64.7±1.6b	568.7±18.6b	0.55±0.01a	5870.2±74.9ab
CK	41.3±0.9a	9.7±1.1b	61.4±0.8c	604.3±35.3a	0.52±0.03b	5474.1±173.3b

叶面喷施调环酸钙显著提高花生籽仁脂肪含量，其中 T1 和 T2 处理脂肪含量分别比对照提高 4 和 2.7 个百分点。但对 O/L 值和蛋白质含量影响不明显（表 7-16）。

表 7-16　调环酸钙对花生籽仁品质的影响

处理	脂肪含量（%）	O/L 值	蛋白质含量（%）
T1	52.6±1.3a	1.41±0.06a	26.8±0.9a
T2	51.3±0.8b	1.48±0.09a	27.4±1.1a
CK	48.6±1.1c	1.43±0.09a	26.9±0.6a

第三节　玉米花生间作

一、筛选种植方式

自 2010 年起，山东省农业科学院坚持"不与粮争地，不与人争粮"的发展思路，开展了"以粮为主，稳粮增油"的粮油均衡增产方式研究。已连续 8 年开展玉米花生宽幅间作种植方式研究，在理论研究、技术创新和配套产品研发方面取得重要成果，并提出了小麦玉米花生带状轮作理论与技术（唐朝辉等，2018）。

为筛选适宜的玉米花生宽幅间作种植方式，山东省农业科学院于 2013～2014 年连续两年通过设置玉米单作、花生单作、玉米花生带状复合种植（行比分别为 2：3、2：4、3：3、3：4）6 种种植方式，研究不同间作方式对玉米、花生产量及其产量构成因素、土地当量比的影响。

玉米花生不同间作方式下，玉米花生行比 2：4（M2P4）方式净面积玉米产量和间作花生产量最高，玉米花生行比 3：4（M3P4）方式在达到稳定玉米产量的同时增加花生产量，是该试验条件下稳粮、增油、增产、增效的最佳间作方式（孟维伟等，2016）。

二、选用适宜品种

为筛选出适应玉米花生间作的花生品种，2016 年课题组在莱西市牛溪埠镇凤凰屯村，选用 17 个全国大面积推广的花生品种，采用单作玉米、单作花生、玉米花生间作（玉米花生行比 2：4 方式）开展了品种筛选工作。

研究结果表明，单作条件下，花生荚果产量 2500～3000 $kg \cdot hm^{-2}$ 的品种有 10 个，其中'湘花 2008'产量最高；荚果产量 2000～2500 $kg \cdot hm^{-2}$ 的花生品种有 6 个；而低于 2000 $kg \cdot hm^{-2}$ 的花生品种只有'花育 20'。间作条件下，荚果产量 2000 $kg \cdot hm^{-2}$ 以上的品种 4 个包括'潍花 6'、'冀花 4'、'湘花 2008'和'花育 36'，其中'湘花 2008'产量最高，间作花生产量在 1500～2000 $kg \cdot hm^{-2}$ 的品种有 13 个，其中'远杂 9307'产量最低。与单作相比，间作条件下各花生品种产量均有所降低，'日花 1'降幅最大，'湘花 2000-1'降幅最小（表 7-17）。

表 7-17　玉米花生间作对花生荚果产量的影响

品种	序号	荚果产量（$kg \cdot hm^{-2}$）		间作系数
		单作	间作	
'红色大白沙'	1	2665.36a	1916.67b	0.72
'花育 20'	2	1971.57a	1575.49b	0.80

续表

品种	序号	荚果产量（kg·hm⁻²）		间作系数
		单作	间作	
'花育33'	3	2671.57a	1800.98b	0.67
'花育36'	4	2763.24a	2008.82b	0.73
'花育39'	5	2265.69a	1672.55b	0.74
'花育626'	6	2533.33a	1956.86b	0.77
'冀花4'	7	2595.59a	2029.41b	0.78
'冀花5'	8	2554.41a	1915.69b	0.75
'冀花6'	9	2731.37a	1888.24b	0.69
'日花1'	10	2445.1a	1582.35b	0.65
'天府22'	11	2675.98a	1985.29b	0.74
'潍花2000-1'	12	2411.76a	1939.22b	0.80
'潍花6'	13	2852.94a	2048.04b	0.72
'湘花2008'	14	2919.61a	2284.31b	0.78
'禹花1'	15	2337.75a	1835.29b	0.79
'豫花14'	16	2276.47a	1736.27b	0.76
'远杂9307'	17	2145.1a	1549.02b	0.72

注：间作系数=间作花生荚果产量/单作花生荚果产量

通过对间作系数进行聚类分析，筛选出高度适应玉米花生间作的花生品种7个、中度适应的品种7个和不适应玉米花生间作的花生品种3个。其中高度适应玉米花生间作的花生品种有'潍花2000-1'、'湘花2008'、'禹花1'、'豫花14'、'花育626'、'冀花4'和'花育20'，不适应玉米花生间作的花生品种有'花育33'、'日花1'和'冀花6'（图7-7）。

三、合理施肥

1. 氮肥

氮作为植株体内许多重要有机化合物的组分，如蛋白质、核酸、叶绿素、酶、维生素、生物碱和一些激素等，影响遗传信息传递、细胞器建成、光合作用、呼吸作用等生化反应，是限制玉米花生生长和形成产量的首要因素，对两者品质也有多方面的影响。玉米花生间作是禾本科作物与豆科作物间作的方式，豆科往往可向禾本科作物转移氮素，一定程度上提高了玉米对氮素的吸收，而花生一般处于氮营养竞争劣势。

不同施氮量对玉米花生间作体系中产量的影响有明显差异。如图7-8所示，单作玉米施氮量达到270 kg·hm⁻²时，产量即达到最高；间作玉米施氮量达到360 kg·hm⁻²

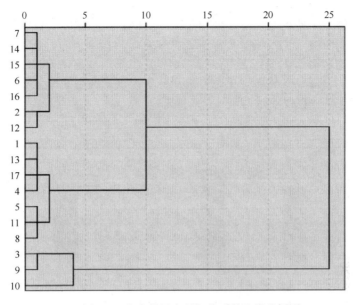

图 7-7 花生荚果产量间作系数聚类分析图

时，产量才最高。单作与间作花生在施氮量达到 135 kg·hm^{-2} 时，达到最高产量，此后随着施氮量增加，单作花生产量保持稳定，而间作花生产量呈下降趋势（徐杰等，2017）。

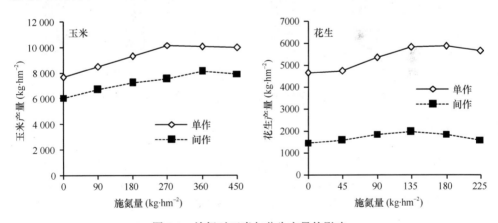

图 7-8 施氮对玉米与花生产量的影响

2. 磷肥

磷在植物体内是细胞原生质的组分，对细胞的生长和增殖起重要作用，磷还参与植物生命过程的光合作用，能够促进糖和淀粉的合成和能量的传递过程。在玉米花生间作体系中，合理施用磷肥能够促进作物生长、开花结果，提高结果率及使籽仁饱满，从而提高作物产量和含油量，改善作物品质。相比不施磷处理，施磷（P_2O_5）量在 180 kg·hm^{-2} 时，玉米和花生产量增加 10%～20%，玉米和花生蛋白质含量分别增加 35% 和 15%。相比于单作玉米，玉米花生间作玉米产量和蛋白质含量也明显提高。然而，相比于单作花生，玉米花生间作使得花生的产量及蛋白质含量下降（图 7-9）。

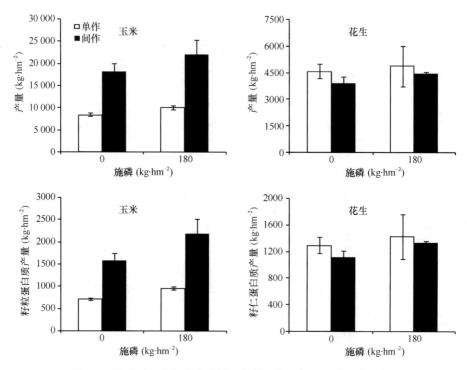

图 7-9　施磷对玉米与花生产量及籽粒（仁）蛋白质含量的影响

3. 钾肥

钾是植株体内参与各种生化过程的重要阳离子，促进蛋白质合成及光合作用，有利于糖类从叶片运输到果实及油脂的生产和积累。钾还参与维持植物的渗透势，调节气孔开闭，有利于作物保持水分。施用钾肥能够提高植株抗病性，使得花生茎腐病的发病率下降 14%～21%，黑斑病的发病率下降 11%～18%。此外，施用钾肥可有效提高玉米花生的饱果率及改善品质等。

由图 7-10，玉米花生间作体系中，不同的间作比例对玉米和花生的钾吸收量及产量的影响有明显的差异。随着玉米花生间作比例由 2∶4 增加到 2∶8，玉米的钾吸收量和产量呈下降趋势。与此同时，花生钾吸收量却随着玉米花生间作比例的增加呈显著上升趋势，且花生的相对产量间作比例 2∶8 时最高。

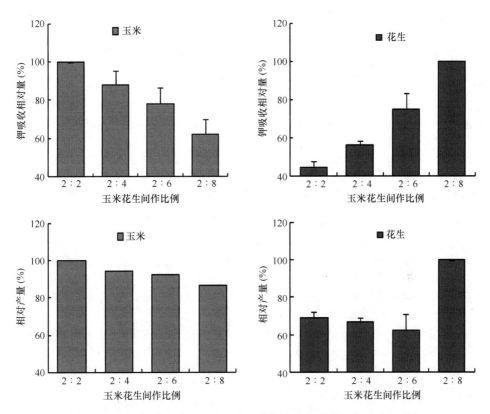

图 7-10 不同间作方式下玉米与花生的钾吸收相对量及相对产量变化

主要参考文献

成波, 王才斌, 迟玉成, 等. 1996. 小麦花生两熟制高产生育规律及栽培技术研究Ⅶ. 麦套花生与密度. 花生科技, 4: 22-24

成波, 王才斌, 孙秀山, 等. 1999. 施肥对小麦花生两熟制作物产量和品质的影响. 花生科技, 3: 26-27

初长江, 万书波, 刘云峰. 2008. 施肥对夏播花生营养特性及品质的影响. 花生学报, 37(1): 37-41

初长江, 吴正锋, 孙学武, 等. 2017. 控施肥对花生氮代谢相关酶活性的影响. 花生学报, 46(2): 32-39

房增国, 左元梅, 李隆, 等. 2004. 玉米-花生混作体系中不同施氮水平对花生铁营养及固氮的影响. 植物营养与肥料学报, 10(4): 386-390

冯晨, 冯良山, 孙占祥, 等. 2019. 辽西半干旱区不同施氮水平下玉米‖花生系统对花生结瘤特性的影响. 中国土壤与肥料, 4: 127-131

郭峰, 万书波, 王才斌. 2008. 宽幅麦田套种田间小气候效应及对花生生长发育的影响. 中国农业气象, 29(3): 285-289

郭峰, 万书波, 王才斌, 等. 2007. 麦套花生产量形成期固氮酶和保护酶活性特征研究. 西北植物学报, (2): 309-314

焦念元. 2006. 玉米花生间作复合群体中氮磷吸收利用特征与种间效应的研究. 泰安: 山东农业大学博士学位论文

焦念元, 侯连涛, 宁堂原, 等. 2012. 不同基因型玉米对间作花生铁营养的影响. 花生学报, 41(4): 8-11

焦念元, 宁堂原, 杨萌珂, 等. 2013b. 玉米花生间作对玉米光合特性及产量形成的影响. 生态学报, 33(14): 4324-4330

焦念元, 宁堂原, 赵春, 等. 2008a. 施氮量和玉米花生间作模式对氮磷吸收与利用的影响. 作物学报, 34(4): 706-712

焦念元, 杨萌珂, 宁堂原, 等. 2013a. 玉米花生间作和磷肥对间作花生光合特性及产量的影响. 植物生态学报, 37(11): 1010-1017

焦念元, 赵春, 宁堂原, 等. 2008b. 玉米花生间作对作物产量和光合作用光响应的影响. 应用生态学报, 19(5): 981-985

孔显民, 郑亚萍, 成波等. 2003. 冬小麦夏直播花生两熟制栽培钾肥用量与分配研究. 花生学报, 32(3): 29-33

李隆. 2016. 间套作强化农田生态系统服务功能的研究进展与应用展望. 中国生态农业学报, 24(4): 403-415

李美, 孙智明, 李朦朦, 等. 2013. 不同比例玉米花生间作对花生生长及产量品质的影响. 核农学报, 27(3): 391-397

李新平, 黄进勇. 2001. 黄淮海平原麦玉玉三熟高效种植模式复合群体生态效应研究. 植物生态学报, 25(4): 476-482

李应旺, 万书波, 吴兰荣, 等. 2010. 弱光胁迫对不同基因型花生生理特性的影响. 花生学报, 39(2): 37-40

李应旺, 吴正锋, 万书波, 等. 2009. 弱光胁迫对花生生长发育和生理特性的影响. 花生学报, 38(3): 41-45

刘成, 冯中朝, 肖唐华, 等. 2019. 我国油菜产业发展现状、潜力及对策. 中国油料作物学报, 41(4): 485-489

刘光臻, 王才斌, 成波, 等. 1999. 小麦花生两熟制氮肥施用技术研究. 花生科技(增刊): 342-343

孟维伟, 高华鑫, 张正, 等. 2016. 不同玉米花生间作模式对系统产量及土地当量比的影响. 山东农业科学, 48(12): 32-36

孙秀山, 成波, 郑亚萍, 等. 2000. S、Zn 对小麦花生产量及品质的影响研究. 莱阳农学院学报, 17(1): 20-22

孙秀山, 王才斌, 成波, 等. 1999. 小麦花生两熟制全年定量磷肥合理运筹研究. 花生科技(增刊): 344-346

唐秀梅, 钟瑞春, 揭红科, 等. 2011. 间作遮荫对花生光合作用及叶绿素荧光特性的影响. 西南农业学报, 24(5): 1703-1707

唐朝辉, 张佳蕾, 郭峰, 等. 2018. 小麦-玉米//花生带状轮作理论与技术. 山东农业科学, 50(6): 111-115

万书波. 2017. 农业供给侧结构性改革背景下花生生产的若干问题. 花生学报, 46(2): 60-63

万书波, 王才斌, 成波, 等. 1999. 麦套花生优化施肥研究. 中国油料作物学报, 21(1): 53-55

万书波, 王才斌, 赵品绩, 等. 2004. 麦套花生套期与密度优化配置研究. 中国油料学作物报, 26(4): 55-58

万书波, 郑亚萍, 王才斌, 等. 2006. 精播麦套花生套期、肥料与密度优化配置研究. 中国油料作物学报, (3): 319-323

王才斌. 1997. 小麦花生两熟制高产生育规律及栽培技术研究. 科技信息, 5: 42

王才斌. 1998. 小麦花生两熟制双高产栽培的基本原理与关键技术. 花生科技, 4: 10-12

王才斌. 1999a. 小麦花生两熟制一体化高产高效平衡施肥技术研究. 中国油料作物学报, 21(3): 67-71

王才斌. 1999b. 小麦花生两熟制一体化施氮效应研究. 中国油料作物学报, 21(4): 64-66

王才斌, 成波, 迟玉成. 1997. 小麦花生两熟制双高产栽培磷肥平衡施用研究. 土壤, 29(3): 145-148

王才斌, 成波, 迟玉成, 等. 1996b. 小麦花生两熟制高产生育规律及栽培技术研究 IV, 麦油复合群体(B). 中国油料, 18(4): 31-33

王才斌, 成波, 迟玉成, 等. 1996c. 小麦花生两熟制高产生育规律及栽培技术研究 VI, 小麦行距与花生套期. 花生科技, 2: 5-8

王才斌, 成波, 孙秀山. 1996e. 麦套花生超高产生育动态及群体生育指标研究. 第二届全国中青年作物栽培作物生理学术会文集: 61-164

王才斌, 成波, 孙秀山, 等. 1996a. 小麦花生两熟制高产生育规律及栽培技术研究 II, 种植模式. 中国油料, 18(2): 37-40

王才斌, 成波, 孙秀山, 等. 1996d. 小麦花生两熟制栽培钾肥合理运筹研究. 花生科技, 1: 18-21

王才斌, 成波, 孙秀山, 等. 2002. 应用 ^{15}N 研究小麦花生两熟制氮肥分配方式对小麦、花生产量及氮肥利用率的影响. 核农学报, 16(2): 98-102

王才斌, 成波, 王志芬, 等. 2000a. 冬小麦夏直播花生两熟制栽培氮肥用量与分配研究. 中国油

料学报, 22(4): 25-28

王才斌, 成波, 张礼风, 等. 2003. 小麦花生两熟制优化施肥计算机决策系统研究与应用. 花生优质高效生产原理与技术研究, 10: 193-198

王才斌, 迟玉成, 成波, 等. 1996f. 小麦花生两熟制施氮肥技术. 作物杂志, 6: 21

王才斌, 梁传松. 1994. 小麦花生两熟制双规范化栽培技术. 中国农技推广, (6): 25

王才斌, 孙彦浩, 梁裕元. 1993a. 小麦花生双高产一体化施肥技术. 农业科技通讯, 2: 28

王才斌, 孙彦浩, 陶寿祥. 1994. 小麦花生两熟制不同种植方式花生产量构成因素分析及高产途径. 花生科技, 3: 24-26

王才斌, 孙彦浩, 陶寿祥, 等. 1993b. 小麦花生双高产栽培技术. 作物杂志, 2: 18-19

王才斌, 陶寿祥, 孙彦浩. 1992. 麦田夏直播花生生育特点及麦由两熟双高产配套技术. 花生科技, 2: 13-16

王才斌, 徐恒永, 成波, 等. 1997. 小麦花生两熟制高产技术概述. 中国农学通报, 13(5): 39-40

王才斌, 徐恒永, 王明新. 1994. 小麦花生两熟栽培再创高产. 花生科技, (1): 40

王才斌, 郑亚萍, 车书杰, 等. 2000b. 鲁东地区夏直播花生高产生育规律和关键技术研究. 莱阳农学院学报, 17(1): 17-19

王才斌, 郑亚萍, 成波, 等. 2004. 有机肥不同用量与分配方式对小麦花生两作产量的影响. 山东农业科学, (2): 54-55

王才斌, 朱建华, 成波, 等. 1999. 小麦花生两熟制一体化优化施肥研究. 山东农业科学, (5): 30-32

王彦飞, 曹国璠. 2011. 不同间作模式对玉米及花生氮磷钾分配的影响. 贵州农业科学, 39(1): 79-82

吴正锋, 刘俊华, 万书波, 等. 2011. 遮荫持续时间对花生荚果产量及品质的影响. 山东农业科学, 234(2): 30-33

吴正锋, 孙学武, 王才斌, 等. 2014. 弱光胁迫对花生功能叶片 RuBP 羧化酶活性及叶绿体超微结构的影响. 植物生态学报, 38(7): 740-748

吴正锋, 孙学武, 左绍玲, 等. 2017. 荫蔽花生转入自然光照下光合作用的光抑制及光保护机制. 中国油料作物学报, 39(5): 648-654

吴正锋, 王才斌, 李新国, 等. 2009. 苗期遮荫对花生(*Arachis hypogaea* L.)光合生理特性的影响. 生态学报, 29(3): 1366-1373

吴正锋, 王才斌, 万更波, 等. 2008. 弱光胁迫对两个不同类型花生产量及生长发育的影响. 花生学报, 37(4): 27-31

吴正锋, 王才斌, 万书波, 等. 2010. 弱光胁迫对花生叶片光合特性及光合诱导的影响. 青岛农业大学学报, 27(4): 277-281

夏海勇, 孟维伟, 于丽敏, 等. 2015. 玉米花生间作在山东地区推广的现状与对策. 山东农业科学, 47(3): 121-124

夏海勇, 薛艳芳. 2017. 玉米花生间套作栽培新技术. 北京: 中国农业出版社

徐杰, 张正, 孟维伟, 等. 2017. 施氮量对玉米花生宽幅间作体系农艺性状及产量的影响. 花生学报, 46(1): 14-20

颜石, 杨琨. 2015. 花生间作套种研究进展. 现代农业科技, 14: 11-12

杨兴洪, 邹琦, 王玮. 2001. 遮荫棉花转入强光后光合作用的光抑制及其恢复. 植物学报, 43(12): 1255-1259

姚远, 刘兆新, 刘妍, 等. 2017. 花生、玉米不同间作方式对花生生理性状以及产量的影响. 花生学报, 46(1): 1-7

于伯成, 张智猛, 刘恒德, 等. 2014. 不同类型果林间套播对花生经济性状的影响. 花生学报, 3: 43(3): 31-36

于照兹, 高成功, 王才斌, 等. 1999. 冬小麦-夏花生两熟制双高产一体化栽培技术. 花生科技(增刊): 366-368

原小燕, 符明联, 张云云, 等. 2018. 施氮量对生育中期玉米花生单作及间作植株生长发育的影响. 花生学报, 47(4): 19-25

张礼凤, 成波, 迟玉斌, 等. 1999. 宽幅麦套种花生套期与密度研究. 花生科技, 4: 28-30

章家恩, 高爱霞, 徐华勤, 等. 2009. 玉米/花生间作对土壤微生物和土壤养分状况的影响. 应用生态学报, 20(7): 1597-1602

周苏玫, 马淑琴, 李文, 等. 1998. 玉米花生间作系统优势分析. 河南农业大学学报, 32(1): 17-22

左元梅, 刘永秀, 张福锁. 2004. 玉米/花生混作改善花生铁营养对花生根瘤碳氮代谢及固氮的影响. 生态学报, 24(11): 2584-2590

Afsharnia M, Aliasgharzad N, Hajiboland R, et al. 2013. The effect of light intensity and zinc deficiency on antioxidant enzyme activity, photosynthesis of corn. International Journal of Agronomy and Plant Production, 4(3): 425-428

Demming-Adams B, Adams WW, Barker DH, et al. 1996. Using chlorophyll fluorescence to assess the fraction of absorbed light allocated to thermal dissipation of excess excitation. Physiologia Plantarum, 98(2): 253-264

Huang D, Wu L, Chen JR, et al. 2011. Morphological plasticity, photosynthesis and chlorophyll fluorescence of *Athyrium pachyphlebium* at different shade levels. Photosynthetica, 49(4): 611-618

Ivanova LA, Ivanov LA, Ronzhina DA, et al. 2008. Shading-induced changes in the leaf mesophyll of plants of different functional types. Russian Journal of plant physiology, 55(2): 211-219

Murakami K, Matsuda R, Fujiwara K. 2014. Light-induced systemic regulation of photosynthesis in primary and trifoliate leaves of Phaseolus vulgaris: Effects of photosynthetic photon flux density (PPFD) versus spectrum. Plant Biology, 16(1): 16-21

Niinemets Ü. 2010. A review of light interception in plant stands from leaf to canopy in different plant functional types and in species with varying shade tolerance. Ecological Research, 25: 693-714

Osterhout WJV, Hass ARC. 1918. On the dynamic of photosynthesis. J. Gen. Physiol., 1: 1-16

Tanwar SPS, Rao SS, Regar PL, et al. 2014. Improving water and land use efficiency of fallow-wheat system in shallow Lithic Calciorthid soils of arid region: Introduction of bed planting and rainy season sorghum–legume intercropping. Soil and Tillage Research, 138: 44-55

Wada M, Kagawa T, Sato Y. 2003. Chloroplast movement. Annual Review of Plant Biology, 54: 455-468

Wang CB. 1997. Optimum rates of nitrogen fertilizer in cropping system of wheat (winter) and groundnut in Shandong Province, China. International Arachis Newsletter, 17: 70-71

Wang CB, Cheng B, Zheng YP. 2001. Effect of application methods of nitrogen fertilizer to wheat and peanut yields and the nitrogen fertilizer utilization rate under wheat-peanut cropping system. New millennium international groundnut workshop: 85

Wang CB, Sun YH, Zheng YP, et al. 1992. Studies on the cultural method for increasing yields of intercropped wheat and groundnut. International Arachis Newsletter, 12: 17-19

Yamazaki J, Shinomiya Y. 2013. Effect of partial shading on the photosynthetic apparatus and photosystem stoichiometry in sunflower leaves. Photosynthetica., 51(1): 3-12

Zheng YP, Zheng YM, Wu ZF, et al. 2015. Study on physiological characteristics and supporting techniques of huayu 22 peanut. Asian Agricultural Research, 7(10): 74-76, 82

附录　山东省地方标准[①]

一、鲁东地区宽幅麦套种花生生产技术规程
（DB37/T 926—2007）

1　范围

本标准规定了鲁东地区宽幅麦套种花生产地环境要求和生产管理措施。

本标准适用于鲁东地区宽幅麦套种花生的生产。

2　规范性引用文件

下列文件中的条款通过本标准的引用成为本标准的条款。凡是注明日期的引用文件，其随后所有的修改单（不包括勘误的内容）或修订版均不适用于本标准，然而，鼓励根据本标准达成协议的各方研究是否可使用这些文件的最新版本。凡是不注明日期的引用文件，其最新版本适用于本标准。

GB 4285　农药安全使用标准

GB/T 8321　农药合理使用准则（所有部分）

NY/T 496　肥料合理使用准则　通则

NY/T 855　花生产地环境技术条件

3　土壤条件

麦套花生田宜设在肥力中等或以上的轻壤或沙壤土上，2 年内没种过花生或其他豆科作物。土壤容重 1.2 g/cm³～1.3 g/cm³，总孔隙度 50%以上，有机质 0.72%～1.08%，全氮 0.05%～0.086%，全磷 0.058%～0.088%，水解氮 60 mg/kg～90 mg/kg，速效磷 15 mg/kg～25 mg/kg，速效钾 50 mg/kg～95 mg/kg。产地环境符合 NY/T 855 的要求。土层深厚、地势平坦，排灌方便。通透性较差的土壤，可通过秸秆还田和增施有机肥等措施加以改良。

---

①：附录中各地方标准为原文引用

4 种植方式

a）大垄宽幅麦套种花生 小麦播种时，畦宽 90 cm，畦内起垄，垄面宽 50 cm，垄高 10 cm～12 cm，垄沟内播 2 行小麦，行距 20 cm。麦收前在垄上覆膜或露地套种 2 行花生，行距 30 cm 左右。

b）大沟麦套种花生 小麦播种时，畦宽 75 cm，畦内起垄，垄面宽 45 cm，垄高 10 cm～12 cm，垄沟内播 2 行小麦，行距 17 cm～20 cm。麦收前在垄面上套种 2 行中早熟花生，行距 25 cm 左右。

5 前茬预施肥

在小麦常规基肥施用量的基础上，加施花生茬的全部土杂肥和 1/3 的化肥。每 667 m² 土杂肥用量为 2000 kg～3000 kg，化肥用量根据花生产量水平和土壤基础肥力确定。在肥力中等或以上的土壤上，不同产量水平施肥量如下：

a）产量水平为 300 kg/667 m² 左右的地块，每 667 m² 施尿素 2 kg～3 kg，磷酸二铵 4 kg～6 kg，硫酸钾 5 kg～6 kg，或用等量元素的其他肥料。

b）产量水平为 400 kg/667 m² 左右的地块，每 667 m² 施尿素 3 kg～4 kg，磷酸二铵 6 kg～7 kg，硫酸钾 6 kg～7 kg，或用等量元素的其他肥料。

c）产量水平为 500 kg/667 m² 左右的地块，每 667 m² 施尿素 4 kg～5 kg，磷酸二铵 7 kg～9 kg，硫酸钾 7 kg～8 kg，或用等量元素的其他肥料。

6 套种前准备

6.1 品种选择

小麦选用株型紧凑，分蘖成穗率较高、株高偏矮或中等、抗病、抗倒伏、早或中早熟大穗品种。花生选用中熟或中早熟、增产潜力大、品质优良、综合抗性好，并已通过国家或省农作物品种审定（鉴定）委员会审定、认定或鉴定的品种。

6.2 剥壳与选种

剥壳前带壳晒种 2 d～3 d，播种前 7 d～10 d 剥壳。剥壳时随时剔除虫、芽、烂果。剥壳后将种子分成 1、2、3 级，籽仁大而饱满的为 1 级，不足 1 级重量 2/3 的为 3 级，重量介于 1 级和 3 级之间的为 2 级。分级时同时剔除与所用品种不符的杂色种子和异形种子。选用 1、2 级种子播种，先播 1 级种，再播 2 级种。

6.3 种子处理

6.3.1 药剂拌种

a）在茎腐病发生较重的地区，将种子用清水湿润后，用种子重量 0.3%～0.5% 的 50%多菌灵可湿性粉剂拌种，晾干种皮后播种。

b）在地下害虫发生较重的地区，用种子重量 0.2%的 50%辛硫磷乳剂，加适量水配成乳液均匀喷洒种子，晾干种皮后播种。

6.3.2 微量元素拌种

a）用种子重量 0.2%～0.4%的钼酸铵或钼酸钠，制成 0.4%～0.6%的溶液喷雾，晾干种皮后播种。

b）用浓度为 0.02%～0.05%硼酸或硼砂水溶液，浸泡种子 3 h～5 h，捞出晾干种皮后播种。

6.3.3 种衣剂包衣

根据不同种衣剂剂型要求进行种子包衣（仅限人工播种）。

6.4 施肥

在前茬预施部分花生肥的基础上（用量见 5），花生套种前 20 d～30 d，在套种垄上开 1 条或 2 条深 10 cm～15 cm 的沟，将化肥施在沟内，然后覆土。不同产量水平施肥量如下。

a）产量水平为 300 kg/667 m² 左右的地块，每 667 m² 施尿素 4 kg～6 kg，磷酸二铵 8 kg～11 kg，硫酸钾 10 kg～12 kg，或用等量元素的其他肥料。

b）产量水平为 400 kg/667 m² 左右的地块，每 667 m² 施尿素 6 kg～7 kg，磷酸二铵 11 kg～14 kg，硫酸钾 12 kg～14 kg，或用等量元素的其他肥料。

c）产量水平为 500 kg/667 m² 左右的地块，每 667 m² 施尿素 7 kg～8 kg，磷酸二铵 14 kg～18 kg，硫酸钾 14 kg～16 kg，或用等量元素的其他肥料。

7 播种与覆膜

7.1 播期

小麦适宜的播期为 10 月 1 日～10 月 10 日，大垄宽幅麦套种花生，露地栽培花生适宜的播期为 4 月 25 日～5 月 5 日;覆膜套种花生播期可比露地栽培提前 5d～7 d。大沟麦套种花生适宜的播期为麦收前 30 d～35 d。

7.2 足墒播种

播种时土壤相对含水量以 60%~70%为宜，即耕作层土壤手握能成团，手搓较松散。

7.3 播种

套种前在垄上开两条深 3 cm~4 cm 的种沟，沟心距垄边 10 cm~12 cm，垄上花生行距 25 cm~30 cm，穴距 16 cm~18 cm，每穴播 2 粒种子。在适宜密度范围内，所用品种分枝多，或肥水条件好，或播期偏早，密度宜减少；反之，密度宜增加。墒情略差可在播种前先顺种沟浇水，待水渗下后再播种。播种后及时覆土，将垄面耙平。覆膜栽培的，将垄两边切齐，每 667 m² 喷施 50%乙草胺乳油 100 ml~120 ml，加水 50 kg~60 kg。采用除草地膜的，可省去喷施除草剂的工序。

也可选用成型的便携式花生套播机，播种前要根据密度调好穴距。覆膜套种的，播后要及时人工覆膜。

8 花生田间管理

8.1 开孔引苗

a）覆膜套种的，当花生幼苗顶土时，在上午 10 时前或下午 4 时后在播种穴上方开一个直径 4 cm~5 cm 的圆孔，并在圆孔上盖高 4 cm~5 cm 的土墩。

b）当基本齐苗时，及时将膜孔上的土堆撒到垄沟内，起到清棵蹲苗的作用。

c）四叶期~开花前及时抠出压埋在地膜下面的侧枝。

无论覆膜与否，花生齐苗后，要及时查苗，对缺穴的地方要及时补种，种子要先催芽，补种时浇少量水。

8.2 水分管理

小麦和花生共生期间，当花生幼苗中午叶片出现萎蔫时，及时顺沟浇水。麦收前大垄宽幅麦套种花生一般浇水 2~3 次，大沟麦套种花生一般浇水 1~2 次。花针期和结荚期，如果天气持续干旱，花生叶片中午前后出现萎蔫时，应及时适量浇水。饱果期（收获前 1 个月左右）遇旱应小水润浇。结荚后如果雨水较多，应及时排水防涝。

8.3 防治病虫害

8.3.1 青枯病

团棵期用 5%菌毒清水剂 500 倍液，或 50%复方多菌灵悬浮剂 800 倍液喷雾，每 667m² 药液量 40 kg~50 kg。初花期再喷 1 次。

8.3.2 叶斑病

始花后当植株病叶率达到 10%时，每隔 10 d～15 d 叶面喷施 50%多菌灵可湿性粉剂 800 倍液，或 25%戊唑醇可湿性粉剂 1000 倍液，每 667 m² 喷施 40 kg～50 kg，连喷 2～3 次。

8.3.3 蚜虫、蓟马

苗期发生蚜虫、蓟马危害时，用 50%辛硫磷乳油 1000 倍药液，或 40%毒死蜱乳油 1000 倍液喷雾，每 667 m² 药液用量 40 kg～50 kg。

8.3.4 地下害虫

结荚期发生蛴螬、金针虫等为主的地下害虫危害时，用 50%辛硫磷乳油 1000 倍药液灌墩，每 667 m² 药液用量 250 kg～300 kg。

8.3.5 棉铃虫、斜纹夜蛾等

当棉铃虫、斜纹夜蛾造成危害时，叶面喷施 28%高氯·辛硫磷乳油 800 倍液，或 1.8%阿维菌素乳油 2000 倍液。每 667 m² 药液用量 50 kg～60 kg。

8.4 中耕培土

当田间花生接近封垄时，适墒期在两行花生行间穿沟培土。培土要做到沟清、土暄、垄腰胖、垄顶凹。

8.5 适时化控

当主茎高度达到 35 cm，每 667 m² 用 15%多效唑可湿性粉剂 30 g～50 g，加水 40 kg～50 kg 进行叶面喷施。防止植株徒长或倒伏。施药后 10 d～15 d 如果主茎高度超过 40 cm 可再喷 1 次。

8.6 追施叶面肥

生育中后期植株有早衰现象的，每 667 m² 叶面喷施 0.2%～0.3%的磷酸二氢钾水溶液 40 kg～50 kg，连喷 2 次，间隔 7 d～10 d。也可喷施适量的含有 N、P、K 和微量元素的其他肥料。

9 收获与晾晒

当植株还剩 3～4 片绿叶，覆膜花生地下饱果率达到 65%以上，露栽花生达到 60%以上时便可收获。收获后及时晾晒，1 周内将荚果含水量降到 8%以下。

10 清除残膜

花生收获时，应将地里的残膜拣净，减少田间污染。

二、鲁西地区麦田套种花生生产技术规程
（DB37/T 927—2007）

1 范围

本标准规定了鲁西地区麦田套种花生产地环境要求和生产管理措施。
本标准适用于鲁西地区麦田套种花生的生产。

2 规范性引用文件

下列文件中的条款通过本标准的引用成为本标准的条款。凡是注明日期的引用文件，其随后所有的修改单（不包括勘误的内容）或修订版均不适用于本标准，然而，鼓励根据本标准达成协议的各方研究是否可使用这些文件的最新版本。凡是不注明日期的引用文件，其最新版本适用于本标准。

GB 4285　农药安全使用标准

GB/T 8321　农药合理使用准则（所有部分）

NY/T 496　肥料合理使用准则 通则

NY/T 855　花生产地环境技术条件

3 土壤条件

麦套花生田宜设在肥力中等或以上的轻壤或沙壤土上，2 年内没种过花生或其他豆科作物。土壤容重 1.2 g/cm³～1.3 g/cm³，总孔隙度50%以上，有机质 0.72%～1.08%，全氮 0.05%～0.086%，全磷 0.058%～0.088%，水解氮 60 mg/kg～90 mg/kg，速效磷 15 mg/kg～25 mg/kg，速效钾 50 mg/kg～95 mg/kg。产地环境符合 NY/T855 的要求。土层深厚、地势平坦，排灌方便。通透性较差的土壤，可通过秸秆还田和增施有机肥等措施加以改良。

4 套种方式

麦田套种不同于麦田夏直播，小麦种植方式要在确保小麦产量不受影响的前提下，充分考虑花生套种的方便程度和最大限度地减少小麦对花生的不利影响。以下 2 种方式适合花生套种，可根据当地条件任选 1 种。

4.1 小垄宽幅麦花生套种

小麦播种时,畦宽 40 cm,畦内起垄,垄高 12 cm～13 cm,垄底宽 30 cm 左右,垄沟内种 2 行小麦。麦收前每垄套种 1 行花生。

4.2 等行距小麦套种花生

27 cm～30 cm 等行距播种小麦。麦收前每行套种 1 行花生。

5 播种前准备

5.1 前茬预施肥

在小麦常规基肥施用量的基础上,加施花生茬的全部土杂肥和 1/3 的化肥。每 667 m² 土杂肥用量为 2000 kg～3000 kg,化肥用量根据花生产量水平和土壤基础肥力确定。在肥力中等或以上的土壤上,不同产量水平施肥量如下:

a)产量水平为 300 kg/667 m² 左右的地块,每 667 m² 施尿素 2 kg～3 kg,磷酸二铵 4 kg～6 kg,硫酸钾 5 kg～6 kg,或用等量元素的其他肥料。

b)产量水平为 400 kg/667 m² 左右的地块,每 667 m² 施尿素 3 kg～4 kg,磷酸二铵 6 kg～7 kg,硫酸钾 5 kg～7 kg,或用等量元素的其他肥料。

c)产量水平为 500 kg/667 m² 左右的地块,每 667 m² 施尿素 4 kg～5 kg,磷酸二铵 7 kg～9 kg,硫酸钾 7 kg～8 kg,或用等量元素的其他肥料。

5.2 品种选择

小麦选用株型紧凑,分蘖成穗率高、株高偏矮或中等、抗病、抗倒伏、早或中早熟大穗品种。花生选用中熟或中早熟、增产潜力大、品质优良、综合抗性好,并已通过国家或省农作物品种审定(鉴定)委员会审定、认定或鉴定的品种。

5.3 剥壳与选种

剥壳前带壳晒种 2 d～3 d,播种前 7 d～10 d 剥壳。剥壳时随时剔除虫、芽、烂果。剥壳后将种子分成 1、2、3 级,籽仁大而饱满的为 1 级,不足 1 级重量 2/3 的为 3 级,重量介于 1 级和 3 级之间的为 2 级。分级时同时剔除与所用品种不符的杂色种子和异形种子。选用 1、2 级种子播种,先播 1 级种,再播 2 级种。

5.4 种子处理

5.4.1 药剂拌种

a）在茎腐病发生较重的地区，将种子用清水湿润后，用种子重量 0.3%～0.5% 的 50% 多菌灵可湿性粉剂拌种，晾干种皮后播种。

b）在地下害虫发生较重的地区，用种子重量 0.2% 的 50% 辛硫磷乳剂，加适量水配成乳液均匀喷洒种子，晾干种皮后播种。

5.4.2 微量元素拌种

a）用种子重量 0.2%～0.4% 的钼酸铵或钼酸钠，制成 0.4%～0.6% 的溶液喷雾，晾干种皮后播种。

b）用浓度为 0.02%～0.05% 硼酸或硼砂水溶液，浸泡种子 3 h～5 h，捞出晾干种皮后播种。

5.4.3 种衣剂包衣

根据不同种衣剂剂型要求进行种子包衣（仅限人工播种）

6 套种

6.1 播期

小垄宽幅麦套种于麦收前 20 d～25 d 播种，等行距小麦套种于麦收前 15d～20d 播种。

6.2 足墒套种

播种时土壤相对含水量以 60%～70% 为宜，即耕作层土壤手握能成团，手搓较松散。

6.3 套种方式

套种时，用竹杆制成"人"型架，一人在前边分开小麦，随后开深 3 cm～4 cm 的播种沟（穴），按密度要求的穴距播种。小垄宽幅麦套种穴距 15 cm～17 cm，每穴 2 粒；等行距小麦套种穴距 19 cm～23 cm，每穴 2 粒。穴距要匀，深浅一致，播后随即覆土。

也可选用成型的便携式花生套播机，播种前要根据密度调好穴距。

7 田间管理

7.1 水分管理

小麦和花生共生期间，当花生幼苗中午叶片出现萎蔫时，及时顺沟浇水。花针期和结荚期，如果天气持续干旱，花生叶片中午前后出现萎蔫时，应及时适量浇水。饱果期（收获前 1 个月左右）遇旱应小水润浇。结荚后如果雨水较多，应及时排水防涝。

7.2 适时中耕追肥

麦收后 3 d～5 d 内，进行中耕灭茬除草，随后在花生植株两侧开沟追肥，追肥后覆土浇水。在肥力中等或以上、且前茬小麦施肥较为充足的情况下，不同产量水平的花生追肥量如下：

a）产量水平为 300 kg/667 m^2 左右的地块，每 667 m^2 施尿素 4 kg～6 kg，磷酸二铵 8 kg～11 kg，硫酸钾 10 kg～12 kg，或用等量元素的其他肥料。

b）产量水平为 400 kg/667 m^2 左右的地块，每 667 m^2 施尿素 6 kg～7 kg，磷酸二铵 11 kg～14 kg，硫酸钾 12 kg～14 kg，或用等量元素的其他肥料。

c）产量水平为 500 kg/667 m^2 左右的地块，每 667 m^2 施尿素 7 kg～8 kg，磷酸二铵 14 kg～18 kg，硫酸钾 14 kg～16 kg，或用等量元素的其他肥料。

7.3 除草

除草方法有人工和化学两种。

7.3.1 人工除草

第 1 次人工除草结合灭茬进行，以后根据田间杂草生长情况进行 3～4 次，培土后一般不再进行中耕除草。

7.3.2 化学除草

麦收后第 1 次中耕施肥后，每 667 m^2 用 50%乙草胺乳油 120 ml 加水 50 kg～60 kg，封垄前再喷 1 次。

7.4 防治病虫害

7.4.1 青枯病

团棵期用 5%菌毒清水剂 500 倍液，或 50%复方多菌灵悬浮剂 800 倍液喷雾，每 667 m^2 药液量 40 kg～50 kg。初花期再喷 1 次。

7.4.2 叶斑病

始花后当植株病叶率达到 10%时，每隔 10 d～15 d 叶面喷施 50%多菌灵可湿性粉剂 800 倍液,或 25%戊唑醇可湿性粉剂 1000 倍液,每 667 m² 喷施 40 kg～50 kg,连喷 2～3 次。

7.4.3 蚜虫、蓟马

苗期发生蚜虫、蓟马危害时,用 50%辛硫磷乳油 1000 倍药液,或 40%毒死蜱乳油 1000 倍液喷雾,每 667 m² 药液用量 40 kg～50 kg。

7.4.4 地下害虫

结荚期发生蛴螬、金针虫等为主的地下害虫危害时,用 50%辛硫磷乳油 1000 倍药液灌墩,每 667 m² 药液用量 250 kg～300 kg。

7.4.5 棉铃虫、斜纹夜蛾等

当棉铃虫、斜纹夜蛾造成危害时,叶面喷施 28%高氯·辛硫磷乳油 800 倍液,或 1.8%阿维菌素乳油 2000 倍液。每 667 m² 药液用量 50 kg～60 kg。

7.5 中耕培土

当田间花生接近封垄时,适墒期在两行花生行间穿沟培土,培土要做到沟清、土暄、垄腰胖、垄顶凹。

7.6 适时化控

麦套花生生长前期由于受小麦遮荫影响,茎枝基部节间细长,易发生倒伏。当主茎高度达到 35 cm,每 667 m² 用 15%多效唑可湿性粉剂 30 g～50 g,加水 40 kg～50 kg 进行叶面喷施。防止植株徒长或倒伏。施药后 10 d～15 d 如果主茎高度超过 40 cm 可再喷 1 次。

7.7 追施叶面肥

七、八月高温多雨季节,若发现植株顶部出现黄白心叶,及时叶面喷施浓度为 0.2%～0.3%的硫酸亚铁水溶液,每 667 m² 40 kg～50 kg;生育中后期植株有早衰现象的,每 667 m² 叶面喷施 0.2%～0.3%的磷酸二氢钾水溶液 40 kg～50 kg,连喷 2 次,间隔 7 d～10 d。也可喷施适量的含有 N、P、K 和微量元素的其他肥料。

8 收获与晾晒

宜适当晚收,可延长到 10 月 5 日～10 日。使整个生育期达到 125 d～135 d(早熟品种除外),饱果率达到 60%以上。收获后及时晾晒,1 周内将荚果含水量降到 8%以下。

三、麦田夏直播花生生产技术规程（DB37/T 922—2007）

1 范围

本标准规定了麦田夏直播花生产地环境要求和生产管理措施。

本标准适用于鲁中南和鲁西麦田夏直播花生的生产。

2 规范性引用文件

下列文件中的条款通过本标准的引用成为本标准的条款。凡是注明日期的引用文件，其随后所有的修改单（不包括勘误的内容）或修订版均不适用于本标准，然而，鼓励根据本标准达成协议的各方研究是否可使用这些文件的最新版本。凡是不注明日期的引用文件，其最新版本适用于本标准。

GB 4285　农药安全使用标准

GB/T 8321　农药合理使用准则（所有部分）

NY/T 496　肥料合理使用准则　通则

NY/T 855　花生产地环境技术条件

3 土壤条件

夏直播花生田宜设在肥力中等或以上的轻壤或沙壤土为宜，2 年内没种过花生等豆科作物。全土层深厚，耕作层肥沃。0 cm～30 cm 土层有机质 0.6%～0.95%，全氮 0.05%～0.08%，全磷 0.05%～0.099%，水解氮 50 mg/kg～100 mg/kg，速效磷 14 mg/kg～40 mg/kg，速效钾 40 mg/kg～90 mg/kg。产地环境应符合 NY/T 855 的要求。地势平坦，排灌方便。通透性较差的土壤，可通过秸秆还田和增施有机肥等措施加以改良。

4 气候条件

花生生长期达到 120 d～125 d，活动积温达到 2800℃～2900℃的地区，可露地夏直播栽培；生长期为 110 d～115 d，积温在 2400℃～2600℃的地区，应采用地膜覆盖栽培。

5 覆前准备

5.1 前茬预施有机肥

在小麦常规基肥施用量的基础上，加施花生茬的全部土杂肥和 1/3 的化肥。

土杂肥的用量为 2000 kg/667 m²～3000 kg/667 m²，化肥用量根据花生产量水平和土壤基础肥力确定。在肥力中等或以上的土壤上，不同产量水平施肥量如下：

a）产量水平为 300 kg/667 m² 左右的地块，每 667 m² 施尿素 2 kg～3 kg，磷酸二铵 4 kg～6 kg，硫酸钾 5 kg～6 kg，或用等量元素的其他肥料。

b）产量水平为 400 kg/667 m² 左右的地块，每 667 m² 施尿素 3 kg～4 kg，磷酸二铵 6 kg～7 kg，硫酸钾 6 kg～7 kg，或用等量元素的其他肥料。

c）产量水平为 500 kg/667 m² 左右的地块，每 667 m² 施尿素 4 kg～5 kg，磷酸二铵 7 kg～9 kg，硫酸钾 7 kg～8 kg，或用等量元素的其他肥料。

5.2　地膜选择

选用常规聚乙烯地膜，宽度 90 cm 左右，厚度不低于 0.004 mm，透明度 ≥80%，展铺性好。

5.3　品种选择

选用中熟或中早熟、增产潜力大、品质优良、综合抗性好，并已通过国家或省农作物品种审定（鉴定）委员会审定、认定或鉴定的品种。

5.4　剥壳与选种

剥壳前带壳晒种 2 d～3 d，播种前 7 d～10 d 剥壳。剥壳时随时剔除虫、芽、烂果。剥壳后将种子分成 1、2、3 级，籽仁大而饱满的为 1 级，不足 1 级重量 2/3 的为 3 级，重量介于 1 级和 3 级之间的为 2 级。分级时同时剔除与所用品种不符的杂色种子和异形种子。选用 1、2 级种子播种，先播 1 级种，再播 2 级种。

5.5　种子处理

5.5.1　药剂拌种

a）在茎腐病发生较重的地区，将种子用清水湿润后，用种子重量 0.3%～0.5% 的 50% 多菌灵可湿性粉剂拌种，晾干种皮后播种。

b）在地下害虫发生较重的地区，用种子重量 0.2% 的 50% 辛硫磷乳剂，加适量水配成乳液均匀喷洒种子，晾干种皮后播种。

5.5.2　微量元素拌种

a）用种子重量 0.2%～0.4% 的钼酸铵或钼酸钠，制成 0.4%～0.6% 的溶液喷雾，晾干种皮后播种。

b）用浓度为 0.02%～0.05% 硼酸或硼砂水溶液，浸泡种子 3 h～5 h，捞出晾干种皮后播种。

5.5.3 种衣剂包衣

根据不同种衣剂剂型要求进行种子包衣（仅限人工播种）。

6 造墒

麦收后如果墒情适宜，可直接播种或整地灭茬播种；如果墒情不足，要先适宜造墒再播种。

7 种植方式

7.1 起垄覆膜种植

7.1.1 施足基肥

施肥量应根据花生产量水平和土壤基础肥力确定，在肥力中等或以上的土壤上、且前茬小麦已预施花生肥的情况下，不同产量水平的花生基肥用量如下。

a）产量水平为 300 kg/667 m² 左右的地块，每 667 m² 施尿素 4 kg～6 kg，磷酸二铵 8 kg～11 kg，硫酸钾 10 kg～12 kg，或用等量元素的其他肥料。

b）产量水平为 400 kg/667 m² 左右的地块，每 667 m² 施尿素 6 kg～7 kg，磷酸二铵 11 kg～14 kg，硫酸钾 12 kg～14 kg，或用等量元素的其他肥料。

c）产量水平为 500 kg/667 m² 左右的地块，每 667 m² 施尿素 7 kg～8 kg，磷酸二铵 14 kg～18 kg，硫酸钾 14 kg～16 kg，或用等量元素的其他肥料。

7.1.2 浅耕灭茬

适墒时，将所有肥料均匀撒施在地表，然后耕翻 20 cm～25 cm，再用旋耕犁旋打 1～2 遍，将麦茬打碎；或施肥后直接用旋耕犁旋打 2～3 遍，深度 15 cm～20 cm。以灭茬、松土、掩肥。做到地平、土细、肥匀。

7.1.3 播种

有人工和机械两种。无论哪种种植方式，要求花生播种在麦收后 3d 内完成，最多不超过 5d。以确保花生有足够的生长期。

7.1.3.1 人工播种覆膜

a）畦距 80 cm，畦内起垄，垄高 8 cm～10 cm，垄面宽 50 cm～55 cm。

b）播种时，先在垄上开两条深 3 cm～4 cm 的播种沟，沟心距垄边 10 cm 左右，垄上小行距 30 cm～35 cm，早熟大花生穴距 15 cm～16 cm，每 667 m² 播 10 000 穴～11 000 穴；早熟小花生穴距 14 cm～16 cm，每 667 m² 播 11 000 穴～

12 000 穴。每穴均为 2 粒种子。若墒情不足，应先顺沟浇少量水，待水渗下后再播种。播种后及时覆土，再将垄面耙平。将垄两边切齐，每 667 m² 喷施 50% 的乙草胺乳油 100 ml～120 ml，加水 50 kg～60 kg。采用除草地膜的，可省去喷施除草剂的工序。覆膜后在播种行上方盖 5 cm 厚的土堆，引升花生子叶自动破膜出土。

7.1.3.2　机械播种覆膜

选用农艺性能优良的花生联合播种机，将施肥、起垄、播种、喷洒除草剂、覆膜、膜上压土等工序一次完成。花生播种前要根据密度调好穴距，根据化肥数量调整施肥器流量，施肥数量和除草剂用量同人工播种。如果机械在播种行上方膜面覆土高度不足 5 cm 的，要人工填补至高度达到 5 cm 左右，确保花生幼苗能自动破膜出土。

7.2　露地免耕种植

麦收后有墒抢墒播种，无墒造墒播种。播种前先按照小麦行距，确定花生行距。如果小麦行距小于 23 cm，每 2 行种 1 行花生（隔行种）；如果行距大于 23 cm，行行播种。花生播种密度同覆膜栽培。播种时，在麦行间平地开沟播种，沟深 3 cm～4 cm。也可用机械播种。

8　田间管理

8.1　撤土引苗

采用机械播种覆膜的，花生齐苗后，及时将花生播种行上方的土撤到沟内，起到清棵蹲苗的作用；花生四叶期～开花前及时抠出压埋在地膜下面的侧枝。

8.2　施肥、浇水、除草

露地免耕平作种植的，花生始花前在花生植株两侧开沟追肥，沟深 10 cm 左右，追肥后覆土浇水。追肥数量同覆膜栽培的基肥数量。适墒时人工划锄后，每 667 m² 均匀喷施 50% 的乙草胺乳油 100 ml～120 ml，加水 50 kg～60 kg。30 d～40 d 后再喷 1 次，可基本保证生育期间无杂草危害。

8.3　防治病虫害

8.3.1　青枯病

团棵期用 5% 菌毒清水剂 500 倍液，或 50% 复方多菌灵悬浮剂 800 倍液喷雾，每 667 m² 药液量 40 kg～50 kg。初花期再喷 1 次。

8.3.2 叶斑病

始花后当植株病叶率达到 10%时，每隔 10 d～15 d 叶面喷施 50%多菌灵可湿性粉剂 800 倍液，或 25%戊唑醇可湿性粉剂 1000 倍液，每 667 m² 喷施 40 kg～50 kg，连喷 2～3 次。

8.3.3 蚜虫、蓟马

苗期发生蚜虫、蓟马危害时，用 50%辛硫磷乳油 1000 倍药液，或 40%毒死蜱乳油 1000 倍液喷雾，每 667 m² 药液用量 40 kg～50 kg。

8.3.4 地下害虫

结荚期发生蛴螬、金针虫等为主的地下害虫危害时，用 50%辛硫磷乳油 1000 倍药液灌墩，每 667 m² 药液用量 250 kg～300 kg。

8.3.5 棉铃虫、斜纹夜蛾等

当棉铃虫、斜纹夜蛾造成危害时，叶面喷施 28%高氯·辛硫磷乳油 800 倍液，或 1.8%阿维菌素乳油 2000 倍液。每 667 m² 药液用量 50 kg～60 kg。

8.4 遇旱浇水

花针期和结荚期，如果天气持续干旱，花生叶片中午前后出现萎蔫时，应及时适量浇水。饱果期（收获前 1 个月左右）遇旱应小水润浇。结荚后如果雨水较多，应及时排水防涝。

8.5 中耕培土

露地免耕平作种植的，当田间花生接近封垄时，抓住适墒在两行花生之间穿沟培垄，以利高节位果针入土结实。培土要做到沟清、土暄、垄腰胖、垄顶凹，高度 7 cm～10 cm。有杂草的田块应先清除杂草后培土。

8.6 适时化控

当主茎高度达到 35 cm，每 667 m² 用 15%多效唑可湿性粉剂 30 g～50 g，加水 40 kg～50 kg 进行叶面喷施。防止植株徒长或倒伏。施药后 10 d～15 d 如果主茎高度超过 40 cm 可再喷 1 次。

8.7 追施叶面肥

七、八月份高温多雨季节，若发现植株顶部出现黄白心叶，及时叶面喷施浓度为 0.2%～0.3%的硫酸亚铁水溶液；生育中后期植株有早衰现象的，每 667 m²

叶面喷施 0.2%~0.3% 的磷酸二氢钾水溶液 40 kg~50 kg，连喷 2 次，间隔 7 d~10 d。也可喷施适量的含有 N、P、K 和微量元素的其他肥料。

9　收获与晾晒

夏直播花生宜适当晚收，可延长到 10 月 5 日~10 日，使饱果率达到 55% 以上。收获后及时晾晒，1 周内将荚果含水量降到 8% 以下。

10　清除残膜

花生收获时，应将地里的残膜拣净，减少田间污染。

四、玉米花生宽幅间作高产高效安全栽培技术规程
（DB37/T　2851—2016）

1　范围

本标准规定了玉米花生宽幅间作高产高效生产环境、品种搭配、播前准备、播种与覆膜、田间管理、收获与晾晒、秸秆还田与残膜清除等技术措施要求。

本标准主要适用于山东省冬小麦-夏玉米一年两熟和春玉米、春花生一年一熟区，其他相似区域亦可参考。

2　规范性引用文件

下列文件对于本文件的应用是必不可少的。凡是注日期的引用文件，仅所注日期的版本适用于本文件。凡是不注日期的引用文件，其最新版本（包括所有的修改单）适用于本文件。

GB 4285　农药安全使用标准

GB4404.1　粮食作物种子　第 1 部分：禾谷类

GB4407.2　经济作物种子　第 2 部分：油料类

GB5084　农田灌溉水质标准

GB/T 17997　农药喷雾机（器）田间操作规程及喷洒质量评定

GB/T 23391（所有部分）玉米大、小斑病和玉米螟防治技术规范

NY/T 309　全国耕地类型区、耕地地力等级划分

NY/T 496　肥料合理使用准则　通则

NY/T 855　花生产地环境技术条件

NY/T 1355 玉米收获机作业质量

NY/T 1409 旱地玉米机械化保护性耕作技术规范

NY/T 2393—2013 花生主要虫害防治技术规程

NY/T 2394—2013 花生主要病害防治技术规程

NY/T 2401—2013 覆膜花生机械化生产技术规程

NY/T 2404—2013 花生单粒精播高产栽培技术

3 术语和定义

下列术语和定义适用于本文件。

3.1 中产田

耕层厚度＞15 cm，具有小麦-玉米 1000 kg/667 m^2～1100 kg/667 m^2 产量潜力的地块，符合 NY/T 309 标准中五等、六等耕地地力指标要求。

3.2 高产田

耕层厚度＞20 cm，具有小麦-玉米 1100 kg/667 m^2～1300 kg/667 m^2 产量潜力的地块，符合 NY/T 309 标准中三等、四等耕地地力指标要求。

3.3 玉米花生宽幅间作

指基于玉米边行优势突出，单株生产潜力大及玉米、花生不同生态位互补原理进行宽窄行设计的适宜全程机械化的一种新型高效生态种植模式。此种植模式核心在于压缩玉米行株距，保障单位面积内间作玉米种植株数与常规纯作玉米株数基本一致，留出带宽间种花生，实现稳粮增油增效，通过玉米带和花生带年际间交替轮换种植，实现用地和养地结合。

4 播种前准备

4.1 地块条件

玉米花生间作宜选择土层厚度 50 cm 以上，土壤蓄肥、供肥、保水能力强，通透性良好的中产田、高产田，产地环境应符合 NY/T 855 的要求。

4.2 施肥与整地

肥料施用应符合 NY/T 496 的要求。根据地力条件和产量水平，结合玉米、花生需肥特点确定施肥量，每亩基施氮（N）8 kg～12 kg，磷（P$_2$O$_5$）6 kg～9 kg，钾（K$_2$O）10 kg～12 kg，钙（CaO）8 kg～10 kg。适当施用硫、硼、锌、铁、钼等微量元素肥料。每亩施用腐熟优质有机肥 2000 kg～3000 kg 或 200 kg～300 kg 优质商品有机肥。

若用缓控释肥和专用复混肥可根据作物产量水平和平衡施肥技术选用合适肥料品种及用量。全部有机肥和 2/3 的化肥结合耕地施入，剩余 1/3 的化肥结合播种集中施用，种肥分离，防止烧苗。及时旋耕整地，随耕随耙耢，清除残膜、石块等杂物，做到地平、土细、肥匀。

4.3　模式选用

根据地力及气候条件，高产田可选择玉米//花生 2∶4 模式（模式见图 1，参数见 5.3），中产田宜选择玉米//花生 3∶4 模式（模式见图 2，参数见 5.3）。

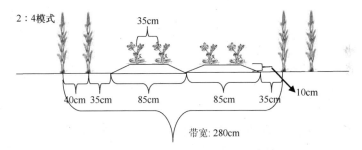

图 1　玉米//花生 2∶4 模式田间种植分布图

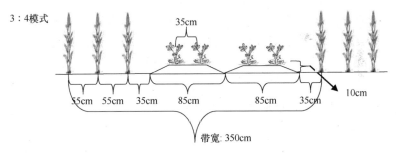

图 2　玉米//花生 3∶4 模式田间种植分布图

4.4　品种选用

玉米选用紧凑型、单株生产力高、适应性广的中熟品种，并通过省或国家审（鉴、认）定或登记。

花生选用较耐荫、高产、大果、适应性广的早中熟品种，夏播花生宜选择早熟或中早熟品种，并通过省或国家审（鉴、认）定或登记。

4.5　精选种子

所选种子质量应符合 GB 4404.1、GB 4407.2 的规定。玉米种子要求纯度≥98%，发芽率≥90%，净度≥98%，含水量≤13%，花生种子要求纯度≥96%，发芽率≥90%，净度≥98%，含水量≤10%。

4.6 种子处理

玉米种子尽量选用经过包衣处理的商品种。若没有包衣处理，可根据种植区域常发病虫害进行拌种或种衣剂包衣。可选择5.4%吡虫啉·戊唑醇等高效低毒无公害的玉米种衣剂包衣，控制苗期灰飞虱、蚜虫和纹枯病等；花生用甲·克悬浮种衣剂、辛硫磷微囊悬浮剂、毒死蜱微囊悬浮剂和辛硫·福美双种子处理微胶囊悬浮剂等药剂进行拌种，防治地老虎、金针虫、蝼蛄、蛴螬等地下害虫。禁止使用含有克百威、甲拌磷等的种衣剂。种衣剂及拌种剂的使用应符合 GB 15671 的要求，按照产品说明书进行。

5 播种与覆膜

5.1 播期

玉米、花生可同期播种亦可分期播种，分期播种要先播花生后播玉米。大花生宜在土壤表层5 cm 土温稳定在15℃以上，小花生稳定在12℃以上为播种适期，玉米一般以土壤表层5 cm～10 cm 土温稳定在12℃以上为播种适期。黄淮海地区春播时间应掌握在4月25日至5月10日播种，夏播最佳播种时间应掌握在6月5日至15日，玉米粗缩病严重的地区，播种时间可推迟到6月15日至20日。

5.2 土壤墒情

播种时土壤相对含水量达65%～70%以上为宜。

5.3 种植规格

2：4模式：带宽280 cm，玉米小行距40 cm，株距12 cm；花生垄距85 cm，垄高10 cm，一垄2行，小行距35 cm，穴距14 cm，每穴2粒（每667 m² 间作田约种植：玉米3900株+花生6800穴）。

3：4模式：带宽350 cm，玉米小行距55 cm，株距14 cm；花生垄距85 cm，垄高10 cm，一垄2行，小行距35 cm，穴距14 cm，每穴2粒（每667 m² 间作田约种植：玉米4000株+花生5400穴）。

玉米播深5 cm～6 cm，深浅保持一致。根据当地农机条件和种子质量，推荐精量单粒播种。播种质量符合 NY/T 503 的要求；花生播深3 cm～5 cm，深浅保持一致。播种质量符合 NY/T 2401 的要求。

5.4 机械播种与覆膜

间作玉米、花生均采用机械播种，可分别选用玉米、花生精量播种机，亦可选用玉米花生宽幅间作一体化播种机播种，根据种植规格和肥料用量调好玉米株行距及花生行穴距、施肥器流量及除草剂用量，玉米开沟、施肥、播种、镇压、喷施除草剂，花生旋耕、开沟、播种、施肥、覆土、起垄、镇压、喷施除草剂、覆膜、膜上覆土一次完成。

6 田间管理

6.1 苗期管理

玉米非精量单粒播种的地块，应于4～5叶期间苗、定苗。定苗时可比计划种植密度多留苗5%，其后拔除小弱株。花生出苗时，及时将膜上的覆土撤到垄沟内。连续缺穴的地方要及时补种。花生4叶期至开花前及时梳理出地膜下面的侧枝（参照 NY/T 2404 进行）。

6.2 水分管理

灌溉用水质量要符合 GB 5084 的要求。春玉米、春花生生长期遇旱及时灌溉，夏玉米、夏花生生长期降雨与生长需水同步，各生育时期一般不浇水；遇特殊旱情（土壤相对含水量≤55%时）时应及时灌水，灌溉方式采用渗灌、喷灌或沟灌。遇强降雨，应及时排涝。

6.3 化学除草

注重出苗前防治，选用 96%精异丙甲草胺（如"金都尔"）、33%二甲戊灵乳油（如"施田补"）等玉米和花生共用的芽前除草剂，苗后除草在玉米 3-5 叶期，苗高达 30 cm 时，每 667 m^2 用 4%烟嘧磺隆（如"玉农乐"）胶悬剂 75 ml 定向喷雾，花生带喷施 17.5%精奎禾灵等花生苗后除草剂，采用适合间作的隔离分带喷施技术机械喷施。除草剂的选择符合 GB 4285 的要求，田间防治作业要符合 GB/T 17997 的规定。

6.4 主要病虫害防治

按照"预防为主，综合防治"的原则，合理使用化学防治，农药的使用应符合 GB 4285 的要求，田间防治作业要符合 GB/T 17997 的规定。根据当地玉米、花生病虫害的发生规律，合理选用药剂及用量。通过种衣剂包衣或拌种防治玉米粗缩病、花生叶斑病、灰飞虱、地老虎、金针虫、蝼蛄、蛴螬等病虫害，详见 4.6。生育期病虫害防治，参照 GB/T 23391、NY/T 2393 和 NY/T 2394 选用玉米花生共用药剂防治。

6.5 追肥

追肥时间要根据品种特性和地力确定。一般在玉米喇叭口期（第 9～10 叶展开）结合中耕追施，按每 667 m² 追施氮 8 kg～12 kg 的标准追肥，覆膜花生一般不追肥。间作玉米追肥部位在植株行侧 10 cm～15 cm，肥带宽度 3 cm～5 cm，无明显断条，且无明显伤根，深度 8 cm～10 cm，施肥后覆土严密。生育中后期若发现玉米、花生植株有早衰现象时，每 667 m² 叶面喷施 2%～3% 的尿素水溶液或 0.2%～0.3% 的磷酸二氢钾水溶液 40 kg～50 kg，连喷 2 次，间隔 7d～10d。也可喷施经农业部或省级部门登记的其他叶面肥，参照 NY/T 2404 进行。

6.6 化学调控

玉米尽量不进行激素调控，花生盛花末期株高超过 30～35 cm 时及时喷施符合 GB 4285 和 GB/T 8321 要求的生长调节剂，施药后 10 d～15 d，如果主茎高度超过 40 cm 可再喷施 1 次。

7 收获与晾晒

根据玉米成熟度适时进行收获作业，提倡晚收。成熟标志为籽粒乳线基本消失、基部黑层出现。玉米机械收获参照 NY/T 1355，可待果穗烘干、晾晒或风干至籽粒含水量≤20%时，脱粒，晾晒，风选，待籽粒含水量≤13%时，入仓贮藏。

花生在 70% 以上荚果果壳硬化、网纹清晰、果壳内壁呈青褐色斑块时，及时收获、晾晒，荚果含水量≤10%时，可入仓贮藏（参照 NY/T 2404）。

8 秸秆还田与残膜清除

玉米收获后，严禁焚烧秸秆，应及时秸秆还田，还田作业应符合 NYT 1355 和 NY/T 1409 的规定，秸秆粉碎长度≤10 cm，切碎合格率≥90%，留茬高度≤8 cm。

覆膜花生收获后及时清除田间残膜（参照 NY/T 2404）。

图　版

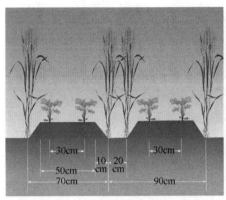

大垄宽幅麦套种花生

小垄宽幅麦套种花生

大垄宽幅麦套种花生 (出苗期)

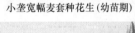

小垄宽幅麦套种花生 (幼苗期)

麦田夏直播 (播种期)

玉米花生间种

彩图另见封底二维码

小垄宽幅麦套种花生

大垄宽幅麦套种小麦机械收获

玉米联合收获机械

花生联合收获机械